ПОСВЯЩАЕТСЯ 270-летию

МОСКОВСКОГО ГОСУДАРСТВЕННОГО УНИВЕРСИТЕТА ИМЕНИ М. В. ЛОМОНОСОВА

Юбилейная серия в честь 270-летия МГУ имени М. В. Ломоносова
ФУНДАМЕНТ БУДУЩЕГО: НАУКУ — ВСЕМ!
Шедевры научно-популярной литературы (математика) • № 179

И. Р. Шафаревич

ДЕЙСТВИТЕЛЬНЫЕ ЧИСЛА И МНОГОЧЛЕНЫ

•

О РЕШЕНИИ УРАВНЕНИЙ ВЫСШИХ СТЕПЕНЕЙ

Метод Штурма

URSS
МОСКВА

ББК 22.161 22.1о

Шафаревич Игорь Ростиславович

Действительные числа и многочлены. О решении уравнений высших степеней: Метод Штурма. Изд. стереотип. — М.: ЛЕНАНД, 2024. — 72 с. (ФУНДАМЕНТ БУДУЩЕГО: НАУКУ — ВСЕМ! Шедевры научно-популярной литературы (математика). № 179. (Юбилейная серия в честь 270-летия МГУ имени М. В. Ломоносова.))

Перед читателями — книга выдающегося математика, академика АН СССР и РАН И. Р. Шафаревича, посвященная обзору некоторых основных свойств уравнений высших степеней (третьей и более высоких). Если почти все свойства квадратных уравнений выводятся из формулы для их решения, то в данной книге не выводится формула для решения уравнений высших степеней, а получаются их свойства из некоторых общих алгебраических и геометрических соображений. Все приведенные рассуждения годятся для уравнений любой степени, и при этом относятся к свойствам действительных корней уравнений, так что от читателя не потребуется знания свойств комплексных чисел.

В книгу включена часть классической работы автора «Избранные главы алгебры» (эта работа выходит отдельной книгой в нашем издательстве), посвященная свойствам действительных чисел и многочленов, в которой также рассматриваются полученные автором результаты в области поиска действительных корней многочленов.

Книга будет интересна математикам, физикам, преподавателям и студентам вузов, всем, кому для решения математических и физических задач необходимо иметь дело с уравнениями третьей и более высоких степеней. Она также заинтересует учителей и школьников старших классов.

ООО «ЛЕНАНД».
117312, Москва, пр-т Шестидесятилетия Октября, д. 11А, стр. 11.
Формат 60×90/16. Печ. л. 4,5. Зак. № 205892.

Отпечатано в АО «Т 8 Издательские Технологии».
109316, Москва, Волгоградский проспект, д. 42, корп. 5.

ISBN 978–5–9710–6530–2

978–5–9519–4824–3

36882 ID 320766

Содержание

1. ДЕЙСТВИТЕЛЬНЫЕ ЧИСЛА И МНОГОЧЛЕНЫ

§ 1. АКСИОМЫ ДЕЙСТВИТЕЛЬНЫХ ЧИСЕЛ

В этой главе мы постараемся уточнить наши представления о действительных числах. Мы не будем стремиться к какой-то особенной строгости рассуждений, но постараемся лишь придать нашим понятиям и рассуждениям в этой области достаточную точность, чтобы можно было *доказывать* утверждения о действительных числах.

Выбрав на прямой начало отсчета и единицу измерения, мы можем изображать действительные числа точками на прямой. Поэтому, уточняя наше представление о действительных числах, мы в то же время предлагаем и более точное описание прямой и лежащих на ней точек. Дальше мы часто будем пользоваться, в целях иллюстрации, взаимно однозначным соответствием между действительными числами и точками прямой.

Попробуем взять пример с геометрии и довести точность определений и рассуждений до того уровня, который есть в школьном курсе геометрии. Там в основе всего построения лежат некоторые аксиомы, исходя из которых уже доказываются все остальные утверждения. Аксиомы же не доказываются: мы принимаем их, исходя из опыта или интуиции.

Для определенности возьмем за образец построение *планиметрии* на основе аксиом. В этом построении можно различить три типа логических понятий. Во-первых — основные понятия геометрии: точки, прямые. Во-вторых, основные отношения между ними: точка лежит на прямой, точка на прямой находится между двумя заданными точками. Ни те, ни другие не определяются. Мы представляем себе дело так, что где-то имеется «список» всех точек и всех прямых и известно, какие точки лежат на каких прямых или какие тройки точек A, B, C на прямой l расположены так, что B лежит между A и C. И только в-третьих имеются аксиомы, т. е. утверждения об основных понятиях и отношениях между ними. Например: каждые две различные точки принадлежат одной и только одной прямой. Или: среди трех различных точек на прямой одна и только одна лежит между двумя другими.

Совершенно аналогично обстоит дело с действительными числами. Основными понятиями здесь являются сами действительные числа. Таким образом, в этот момент мы не предполагаем ничего большего, как только то, что действительные числа образуют некоторое множество. Основные отношения между действительными числами имеются двух типов: действия над ними и неравенства. Опишем их подробнее.

1) Действия над действительными числами

Для каждых двух действительных числе a и b определено третье число c, называемое их *суммой*. Это записывается так: $a + b = c$.

Для каждых двух действительных числе a и b определено третье число d, называемое их *произведением*. Это записывается так: $ab = d$.

2) Неравенства между действительными числами

Для некоторых пар действительных чисел a и b определено, что a меньше b. Это записывается так: $a < b$. То же самое свойство записывается как $b > a$. Если хотят высказать, что или $a < b$, или $a = b$, то пишут $a \leqslant b$ (или $b \geqslant a$).

Прежде чем перейти к формулировке аксиом, связывающих основные понятия и основные отношения между ними, подчеркнем еще раз аналогию с тем, что известно из геометрии. Сведем аналогичные понятия в таблицу:

Алгебра	Геометрия
Основные понятия	
Действительные числа	Точка, прямая, ...
Основные отношения	
сумма: $a+b=c$ произведение: $ab=d$ неравенства: $a<b$	Точка лежит на прямой Точка C лежит между точками A и B. ...
Аксиомы	
...	...

Аксиомы геометрии нам нет надобности напоминать, а аксиомы действительных чисел мы сейчас перечислим. Они формулируются в терминах основных понятий и отношений между ними, которые перечислены в таблице. Мы постараемся сгруппировать аксиомы по признаку того, к каким основным отношениям они относятся.

I (аксиомы сложения)

I_1. Переместительный закон: $a+b=b+a$ для любых действительных чисел a и b.

I_2. Сочетательный закон: $a+(b+c)=(a+b)+c$ для любых действительных чисел a, b и c.

I_3. Существует такое число, обозначаемое 0 и называемое *нулем*, что $a+0=a$ для любого действительного числа a.

Замечание. Такое число существует только одно. Если бы $0'$ было другим числом с тем же свойством, то мы имели бы $0'+0=0'$ по определению 0, $0'+0=0+0'$ по переместительному закону и $0+0'=0$ по определению $0'$. Окончательно мы получаем $0'=0'+0=0+0'=0$, т. е. $0'=0$.

I_4. Для любого действительного числа a существует такое число, обозначаемое $-a$ и называемое противоположным a, что $a+(-a)=0$.

Замечание. Для заданного числа a такое число существует только одно. Если бы a' было другим числом с тем же свойством:

$a + a! = 0$, то мы имели бы $(a + (-a)) + a' = 0 + a' = a'$. Кроме того, $(a+(-a))+a' = ((-a)+a)+a'$, а по сочетательному закону $((-a)+a)+a' = (-a)+(a+a')$. По свойству числа a', $a+a' = 0$ и $(-a)+0 = -a$. Соединяя эти равенства, получаем, что $a' = -a$.

II (аксиомы умножения)

II_1. Переместительный закон: $ab = ba$ для любых действительных чисел a и b.

II_2. Сочетательный закон: $a(bc) = (ab)c$ для любых действительных чисел a, b и c.

II_3. Существует такое число, обозначаемое 1 и называемое единицей, что $a \cdot 1 = a$ для любого действительного числа a.

Замечание. Такое число существует только одно. Это доказывается так же, как в замечании к аксиоме I_3 — надо только всюду заменить сложение умножением, а 0 на 1.

II_4. Для любого действительного числа a, отличного от 0, существует такое число, обозначаемое a^{-1} и называемое обратным, что $a \cdot a^{-1} = 1$.

Замечание. Для каждого отличного от 0 действительного числа a такое число существует только одно. Доказательство в точности такое же, как в замечании к аксиоме I_4.

III (аксиома сложения и умножения)

III_1. Распределительный закон: $(a + b)c = ac + bc$ для любых трех действительных чисел a, b и c.

IV (аксиомы порядка)

IV_1. Для любых двух действительных чисел a и b имеет место одно и только одно из отношений: либо $a = b$, либо $a < b$, либо $b < a$.

IV_2. Если для некоторых трех действительных чисел a, b и c $a < b$ и $b < c$, то $a < c$.

IV_3. Если $a < b$, то $a+c < b+c$ для любых трех действительных чисел a, b и c.

IV_4. Если $a < b$ и $c > 0$, то $ac < bc$ для любых трех действительных чисел a, b и c.

V (действительные и рациональные числа)

Рациональные числа содержатся среди действительных, а действия и неравенства, определенные для действительных чисел, в применении к рациональным числам дают обычные действия и неравенства.

VI (аксиома Архимеда)

Для любого действительного числа a существует такое натуральное число n, что $a < n$.

VII (аксиома вложенных отрезков)

Пусть $a_0, a_1, a_2, \dots$ и $b_0, b_1, b_2, \dots$ — две последовательности действительных чисел, обладающие тем свойством, что $a_0 \leqslant a_1 \leqslant \leqslant a_2 \dots$ $b_0 \geqslant b_1 \geqslant b_2 \dots$ и $b_n \geqslant a_n$ для всех n. Тогда существует такое действительное число c, что $b_m \geqslant c$ и $c \geqslant a_n$ для всех m и n.

Если пользоваться изображением действительных чисел на прямой, то числа x, удовлетворяющие условиям $a \leqslant x$ и $x \leqslant b$ (коротко $a \leqslant x \leqslant b$), изображаются множеством, которое называется *отрезком* и обозначается $[a, b]$. Поэтому предпосылки этой аксиомы утверждают, что отрезки $I_n = [a_n, b_n]$ вложены друг в друга: $I_0 \supset I_1 \supset I_2 \dots$. Аксиома утверждает, что существует точка (или число), общая всем этим вложенным друг в друга отрезкам (откуда и название аксиомы).

Из приведенных аксиом уже легко выводятся привычные свойства действительных чисел. Было бы скучно посвятить несколько страниц этим совершенно очевидным рассуждениям. Поэтому мы только сформулируем некоторые утверждения, которые будут необходимы в будущем — и ограничимся лишь отдельными замечаниями по поводу доказательств (см. также задачи 2, 3, 4).

Из аксиом II группы следует, что для любого отличного от 0 числа a и любого числа b, число $c = a^{-1}b$ является единственным решением уравнения $ax = b$. Оно называется *отношением* b к a и записывается как $\frac{b}{a}$. Все привычные правила раскрытия скобок и действий с дробями выводятся из аксиом.

Так как для натурального числа n верно равенство $n = 1 + \dots + 1$ (n слагаемых), то из III аксиомы вытекает, что для любого числа a число na (произведение n и a) равно сумме $a + \ldots + a$ (n слагаемых).

Из аксиомы IV_3 следует, что если $a < b$ и $c < d$, то $a+c < a+ +d < b+d$. Если $a < 0$, то $-a > 0$ (так как из $-a < 0$ следовало бы $0 < 0$). В результате мы видим, что любое действительное число либо положительно ($a > 0$), либо имеет вид $-b$, где $b > 0$, и тогда говорят, что a отрицательно, либо равно 0. Умножение подчиняется обычному «правилу знаков». Как обычно, мы полагаем $|x| = x$, если $x \geqslant 0$, и $|x| = -x$, если $x < 0$.

Аксиома вложенных отрезков (аксиома VII) особенно полезна, когда длины отрезков I_n (т. е. разности $b_n - a_n$) становятся неограниченно малыми с возрастанием n. Иными словами, если для любого действительного числа $\varepsilon > 0$ существует такой индекс N, что $b_n - a_n < \varepsilon$ для всех $n \geqslant N$. В таком случае можно утверждать больше, чем дает аксиома:

Лемма 1. *Если разности $b_n - a_n$ становятся неограниченно малыми с возрастанием индекса n, то число c, существование которого гарантирует аксиома* VII, *единственно.*

Доказательство. Предположим, что существуют два таких числа: c и c' и, например, $c < d$. Тогда $a_n < c < c' < b_n$ и $c' - c = b_n - - a_n - (c - a_n) - (b_n - c') \leqslant b_n - a_n$. Мы получаем (при достаточно большом n), что $c' - c < \varepsilon$ для любого заданного числа $\varepsilon > 0$. Например, такое соотношение должно быть верно при $\varepsilon = \dfrac{c' - c}{2}$ откуда $\dfrac{1}{2}(c' - c) < 0$, а это противоречит тому, что $c' - c > 0$, $\dfrac{1}{2} > 0$. □

Именно с такой ситуацией мы встречаемся, когда приближенно измеряем действительное число с недостатком и с избытком при помощи рациональных чисел. Тогда a_n и b_n — рациональные числа. Примером является построение $\sqrt{2}$, о котором мы говорили в § 1 гл. I [1)]. Таким образом, аксиома VII формулирует то, что мы интуитивно имеем в виду, когда говорим о «все более точном измерении». Вместе с предшествующей леммой она дает нам возможность конструировать действительные числа с нужными свойствами. Позже мы будем часто этим пользоваться.

1) Здесь и далее приведены ссылки на книгу автора «Избранные главы алгебры». М.: URSS, 2022. — *Прим. изд.*

По поводу аксиом V и VI следует заметить, что здесь мы предполагаем известными натуральные и, более общо, рациональные числа. Эти понятия мы более подробно анализировать не будем.

В заключение заметим, что приведенные выше аксиомы не являются независимыми. Это значит, что некоторые из них можно было бы доказать в качестве теорем, опираясь на остальные аксиомы (пример см. в задаче 6). Мы собрали те свойства действительных чисел, которые вам уже привычны и интуитивно убедительны. За счет увеличения числа аксиом мы получили право пропустить неинтересные доказательства ряда интуитивно очевидных фактов.

Задачи

1. Какие из аксиом I–VII верны также и для совокупности рациональных чисел, а какие специфичны именно для действительных чисел?

2. Докажите на основании аксиом I–III, что для любого действительного числа a верно $0a = 0$.

3. Докажите, что для любых действительных чисел a и b уравнение $a + x = b$ имеет решение и только одно.

4. Докажите, что для любых действительных чисел $a \neq 0$ и b уравнение $ax = b$ имеет решение и только одно.

5. Рассмотрим множество рациональных чисел как часть множества действительных чисел — на основании аксиомы V. Докажите, что рациональное число 0 совпадает с тем действительным числом 0, существование которого гарантирует аксиома I_3. То же для рационального числа 1 и действительного числа 1, существование которого гарантирует аксиома II_3.

6. Докажите, не используя аксиому V, что числа $0, 1, 1+1, \ldots,$ $1 + 1 + \ldots + 1$ (n слагаемых) различны при всех натуральных n. Здесь 1 означает число, существование которого гарантирует аксиома II_3. Докажите, исходя из этого, что натуральные числа содержатся среди действительных, причем действия и неравенства, определенные для действительных чисел, в применении к натуральным числам дают обычные действия и неравенства. После этого докажите утверждение аксиомы V. Таким образом, эту аксиому можно было бы не вводить, а доказать как теорему на основании остальных аксиом.

7. Вместо действия умножения, заданного по определению для действительных чисел, определим новое действие, которое обозначим $\odot$ и зададим формулой $a \odot b = a + b + ab$. Выполняются ли для него аксиомы II группы?

§ 2. ПРЕДЕЛЫ И БЕСКОНЕЧНЫЕ СУММЫ

Чтобы иллюстрировать роль аксиомы о вложенных отрезках как метода конструкции новых действительных чисел, введем несколько понятий, которые и позже будут полезны.

В гл. IV мы встречались с последовательностями ограниченными и неограниченно возрастающими. Сейчас мы рассмотрим последовательности не с точки зрения возрастания, а с точки зрения убывания. Для простоты будем сначала говорить о последовательностях положительных чисел и под неограниченным убыванием будем понимать неограниченное приближение к нулю. Точное определение построено в точности по аналогии с определением неограниченно возрастающей последовательности, данным в § 2 гл. IV.

Последовательность a_n неотрицательных действительных чисел называется *неограниченно приближающейся к нулю,* если для любого сколь угодно малого положительного числа ε существует такое натуральное число N, что $a_n < \varepsilon$ при всех $n > N$. В этом случае говорят также, что последовательность a_n стремится к 0, и обозначают это так: $a_n \to 0$ при $n \to \infty$ (читается: при n стремящемся к бесконечности).

Типичный пример неограниченно приближающейся к 0 последовательности дает последовательность $a_n = \dfrac{1}{n}$.

Рассмотрим немного менее очевидный пример.

Лемма 2. *Если a — любое положительное число, меньшее 1, то последовательность $a_n = a^n$ неограниченно приближается к 0, т. е. $a_n \to 0$ при $n \to \infty$.*

Действительно, положим $a = \frac{1}{A}$. Тогда $A > 1$, и его можно записать в виде $= 1 + x$ с $x > 0$. По формуле бинома $A^n = (1+x)^n = 1 + nx + y$, где y — сумма положительных членов, т. е. $y > 0$. Значит $A^n > 1 + nx$, и следовательно для любого $\varepsilon > 0$ существует такое N, что $A^n \frac{1}{\varepsilon}$ для всех $n \geqslant N$ (вы можете точно вычислить это N). Поэтому $a^n < \varepsilon$, и значит $a_n \to 0$ при $n \to \infty$.

Обобщим данное выше определение на последовательности $(a_1, a_2, \ldots, a_n, \ldots)$, числа которых могут быть и отрицательными. Тогда числа $|a_1|, |a_2|, \ldots, |a_n|, \ldots$ — неотрицательны, и к ним уже можно применить предшествующее определение. Последовательность чисел a_n называется неограниченно приближающейся к 0, если последовательность чисел $|a_n|$ неограниченно приближается к 0. В этом случае тоже пишут $a_n \to 0$ при $n \to \infty$.

Теперь мы подошли к нашему главному определению. Если для последовательности $a = (a_1, a_2, \ldots, a_n, \ldots)$ существует такое действительное число α, что $a_n - \alpha \to 0$ при $n \to \infty$, то α называется *пределом* последовательности a. Говорят также, что последовательность *a стремится* к α, и пишут $a_n \to \alpha$ при $n \to \infty$.

Не всякая последовательность обязана иметь предел. Например, если последовательность имеет предел, то она ограничена. Действительно, пусть $\alpha_n \to \alpha$ при $n \to \infty$. Тогда существует такое n, что $|\alpha_n - \alpha| < 1$ при $n > N$. Так как $\alpha_n = \alpha + (\alpha_n - \alpha)$, то отсюда $|\alpha_n| \leqslant |\alpha| + 1$ при $n > N$, и значит $|\alpha_n| \leqslant C$ при всех n, где C — наибольшее из чисел $|\alpha_1|, \ldots, |\alpha_N|$, $|\alpha| + 1$. Но даже если последовательность ограничена, она может не иметь никакого предела. Такой является последовательность $(0, 1, 0, 1, \ldots)$, в которой 0 и 1 чередуются. Если бы она имела предел α, то в определении предела мы могли бы взять $\varepsilon = \frac{1}{2}$ и имели бы, что $|a_n - \alpha| < \frac{1}{2}$ при всех $n > N$. Но среди a_n с $n > N$ встречаются и 0, и 1. Поэтому мы имели бы $|\alpha| < \frac{1}{2}$ и $|1 - \alpha| < \frac{1}{2}$. Ясно, что такого числа α не существует.

Но если последовательность имеет предел, то только один. Действительно, предположим, что последовательность $(a_1, a_2, \ldots, a_n, \ldots)$ имеет два предела: α и β, $\alpha \neq \beta$. Тогда для всякого ε существуют такое N и такое N', что для $n > N$ $|a_n - \alpha| < \varepsilon$ и для $n > N'$ $|a_n - \beta| < \varepsilon$. Пусть $n > N$ и $n > N'$, тогда $|a_n - \alpha| < \varepsilon$ и $|a_n - \beta| < \varepsilon$, откуда $|\alpha - \beta| < 2\varepsilon$. Но ε в нашем рассуждении было произвольным положительным числом, мы можем выбрать $\varepsilon < \frac{1}{2}|\alpha - \beta|$ и тем самым получить противоречие.

Так как не всякая ограниченная последовательность имеет предел, то рассмотрение таких последовательностей еще не приводит нас автоматически к построению новых действительных чисел. Наш основной результат укажет один простой тип последовательностей, которые всегда имеют предел и поэтому дадут метод построения новых чисел.

Последовательность $(a_1, a_2, \ldots, a_n, \ldots)$ называется *возрастающей*, если $a_n \leqslant a_{n+1}$ для всех n, т. е. $a_1 \leqslant a_2 \leqslant a_3 \leqslant a_4 \leqslant \ldots$).

Теорема 1. *Возрастающая ограниченная последовательность положительных чисел имеет предел.*

Доказательство следует логике одного анекдота, бывшего популярным, когда я был студентом (т. е. еще до войны). Речь шла, собственно, о серии острот на тему о том, кто каким методом предлагает ловить льва в пустыне. Был метод француза, метод следователя НКВД, метод математика... Метод математика заключался в следующем. Он делит пустыню на две равные части. Лев находится в одной из них. Эту часть опять надо разделить на две части — и так продолжать, пока лев не окажется в части пустыни, размер которой не превосходит размера клетки. Остается окружить ее клеткой. Это была пародия на некоторый тип доказательств теорем существования, один пример которого мы сейчас изложим.

Пусть $a = (a_1, a_2, \ldots, a_n, \ldots)$ — возрастающая последовательность положительных чисел. По условию она ограничена, т. е. существует такое число C, что все $a_n < C$. Разделим отрезок $I_1 = [0, C]$ на две равные части числом $\frac{C}{2}$. Тогда верно одно из двух. Или существует такое m, что $a_m \geqslant \frac{C}{2}$, и тогда все a_n

с $n \geqslant m$ содержатся в отрезке $\left[\frac{C}{2}, C\right]$ (ввиду того, что последовательность возрастающая). Либо $a_n \leqslant \frac{C}{2}$ для всех n, и тогда все члены последовательности содержатся в отрезке $\left[0, \frac{C}{2}\right]$. Обозначим через I_2 тот из отрезков $\left[0, \frac{C}{2}\right]$ и $\left[\frac{C}{2}, C\right]$, в котором содержатся все члены последовательности a, начиная с некоторого места. Потом разделим его опять пополам. Очевидно, что так мы можем продолжить неограниченно и получим последовательность вложенных отрезков $I_1 \supset I_2 \supset I_3 \supset \ldots \supset I_m \supset \ldots$, в которой отрезок I_k имеет длину $\frac{C}{2^k}$, и обладающую тем свойством, что любой отрезок I_k содержит все члены последовательности a, начиная с некоторого. Согласно аксиоме о вложенных отрезках (аксиоме VII) существует действительное число α, принадлежащее всем отрезкам I_k. Оно и является пределом последовательности a. Действительно, как мы видели, все члены последовательности a, начиная с некоторого, содержатся в отрезке I_k. Это значит, что для любого натурального числа k существует такое N, что $a_n \in I_k$ для всех $n > N$. Но так же и $\alpha \in I_k$. Так как длина отрезка I_k равна $\frac{C}{2^k}$, то отсюда $|a_n - \alpha| < \frac{C}{2^k}$ для $n > N$. Это и дает нам свойство, фигурирующее в определении предела, если мы выберем k таким, что $\frac{C}{2^k} < \varepsilon$. Мы специально отмечаем, что такой выбор всегда возможен $\left(\text{последовательность } \left(1, \frac{C}{2}, \frac{C}{4}, \frac{C}{8}, \ldots\right) \text{ неограниченно приближается к } 0\right)$.

Теорема 1 особенно полезна, когда последовательность $a = (a_1, a_2, \ldots, a_n, \ldots)$ является последовательностью сумм некоторой последовательности неотрицательных чисел $c = (c_1, c_2, \ldots, c_n, \ldots)$ $(c_n \geqslant 0)$, т. е. когда $a_1 = c_1$, $a_2 = c_1 + c_2, \ldots, a_n = c_1 + c_2 + \ldots + c_n$. Тогда, очевидно, последовательность a является возрастающей. Но проверки (не всегда простой) требует то, что она ограничена. Например, если в последовательности c все $c_n = 1$, то $a_n = n$ и последовательность a не ограничена. Менее тривиальный пример мы рассмотрели в § 2 гл. IV: в последовательности c все $c_n = \frac{1}{n}$. Мы видели, что тогда последовательность a не ограничена. Но если проверено, что последовательность сумм a ограничена, то согласно теореме 1 она имеет единственный предел α. Этот предел называется *суммой* последовательности $(c_1, c_2, \ldots, c_n, \ldots)$, что записывается в виде

$$c_1 + c_2 + \ldots + c_n + \ldots = \alpha.$$

Иногда бесконечную последовательность c называют так же *рядом*, а ее сумму — *суммой* ряда.

Если последовательность сумм a_n ограничена, то, как мы видели, сумма ряда $c_1 + c_2 + \ldots + c_n + \ldots$ существует. Если она не ограничена, то говорят, что у ряда суммы не существует. Так, лемма (1) в § 2 гл. IV утверждает, что сумма ряда $1 + \frac{1}{2} + \frac{1}{3} + \ldots$ не существует.

Рассмотрим пример. Пусть задано неотрицательное число a, меньшее 1, и последовательность $c = (1, a, a^2, \ldots, a^n, \ldots)$. Тогда $a_n = 1+a+a^2+\ldots+a^{n-1}$ (на n-м месте последовательности c стоит a^{n-1}). Сумму $1+a+a^2+\ldots+a^{n-1}$ мы можем вычислить по формуле для суммы геометрической прогрессии — формуле (12) гл. I:

$$a_n = 1 + a + a^2 + \ldots + a^{n-1} = \frac{1 - a^n}{1 - a} = \frac{1}{1 - a} - \frac{a^n}{1 - a}. \qquad (1)$$

Мы видели, что $a_n \to 0$ при $n \to \infty$. Отсюда сразу следует, что $\frac{a^n}{1-a} \to 0$ при $n \to \infty$. Потому формула (1) дает нам, что $a_n \to \frac{1}{1-a}$. Мы можем это записать иначе так:

$$1 + a + a^2 + \ldots + a^n + \ldots = \frac{1}{1-a} \text{ при } a < 1. \qquad (2)$$

Ряд в левой части равенства (2) называется *бесконечной геометрической прогрессией,* а формула (2) — формулой суммы бесконечной геометрической прогрессии.

Но есть примеры рядов, для которых существование суммы нетрудно установить, хотя явно вычислить эту сумму гораздо труднее. Например, в § 2 гл. IV мы доказали, что суммы $\frac{1}{1^2} + \frac{1}{2^2} + \ldots +$

$+\frac{1}{n^2}$ ограничены. Это значит, что существует сумма ряда $1+\frac{1}{1^2}+$ $+\frac{1}{2^2}+\frac{1}{3^2}+\ldots+\frac{1}{n^2}+\ldots$. Но чему она равна? Этот вопрос очень привлекал математиков в середине XVIII в. Эйлер решил его, установив поразительное равенство

$$1+\frac{1}{2^2}+\frac{1}{3^2}+\ldots+\frac{1}{n^2}+\ldots=\frac{\pi^2}{6}. \tag{3}$$

Это было одно из самых сенсационных открытий Эйлера. Весть о нем быстро распространилась среди математиков, и большинство корреспондентов Эйлера просили его объяснить, как он это равенство доказал. Но Эйлер пошел дальше, вычислив сумму ряда $1+\frac{1}{2^k}+\frac{1}{3^k}+\ldots+\frac{1}{n^k}+\ldots$ при любом *четном* k. Оказалось, что эти суммы связаны с числами Бернулли, о которых было сказано в приложении к гл. II. Именно, имеет место формула

$$1+\frac{1}{2^k}+\frac{1}{3^k}+\ldots+\frac{1}{n^k}+\ldots=\frac{\pi^k(-1)^{\frac{k}{2}-1}B_k}{2\cdot k!} \tag{4}$$

для любого четного k. Об аналогичных суммах для нечетного k до сих пор почти ничего не известно. Лишь недавно (в 1978 г.) было доказано, что сумма $1+\frac{1}{2^3}+\frac{1}{3^3}+\ldots+\frac{1}{n^3}+\ldots$ — число иррациональное. Это и остается, видимо, единственным известным до сих пор фактом о таких суммах при нечетном значении k.

Заметим, что из существования суммы у ряда $c_1+c_2+\ldots+c_n+$ $+\ldots$ можно вывести некоторые полезные следствия, даже если значение суммы нам неизвестно.

Лемма. *Если сумма ряда $c_1+c_2+\ldots+c_n+\ldots$ существует, то последовательность чисел $d_n=c_n+c_{n+1}+\ldots$ неограниченно приближается к 0.*

Воспользуемся простым свойством предела. Пусть некоторая последовательность $a_1, a_2, \ldots, a_n, \ldots$ имеет предел α, т. е. $a_n\to\alpha$ при $n\to\infty$. Тогда для любого числа β последовательность $\beta-a_1$, $\beta-a_2, \ldots, \beta-a_n, \ldots$ имеет предел $\beta-\alpha$. Действительно, разность $\beta-\alpha-(\beta-a_n)=a_n-\alpha$, и разность $a_n-\alpha\to 0$, то $\beta-\alpha-(\beta-a_n)\to 0$ при $n\to\infty$. Обозначим через α сумму ряда

$c_1 + c_2 + \ldots + c_n + \ldots$, а через a_m — число $c_1 + c_2 + \ldots + c_m$ при любом m. По определению суммы бесконечного ряда, сумма α ряда $c_1 + c_2 + \ldots + c_n + \ldots$ равна пределу последовательности $a_1, a_2, \ldots, a_m \ldots$. Точно так же сумма d_n ряда $c_{n+1} + c_{n+2} + \ldots$ равна пределу последовательности $a_{n+1} - a_n, a_{n+2} - a_n, \ldots, a_{n+k} - a_n, \ldots$. По сделанному в начале доказательства замечанию последний предел равен $\alpha' - a_n$, где α' — предел последовательности $a_{n+1}, a_{n+2}, \ldots, a_{n+k}, \ldots$ (при фиксированном n). Но предел последовательности $a_{n+1}, a_{n+2}, \ldots$ — это то же самое, что предел последовательности $a_1, a_2, \ldots$, т. е. $\alpha' = \alpha$. Мы видим, что $d_n = \alpha - a_n$. А по определению предела $\alpha - a_n \to 0$, т. е. $d_n \to 0$ при $n \to \infty$.

Например, положим $d_n = \dfrac{1}{n^2} + \dfrac{1}{(n+1)^2} + \ldots$. Мы видим, что $d_n \to 0$ при $n \to \infty$.

Рассмотрение пределов и бесконечных сумм уводит нас от алгебры, которая по своему духу связана с конечными выражениями. Эти вопросы ближе к тому разделу математики, который называется анализом. Поэтому мы в них углубляться не будем. Хотя заметим, что наиболес поразительные результаты — такого типа, как равенства (3) и (4) — возникают на стыке этих областей.

Задачи

1. Докажите, что если сумма ряда $c_1 + c_2 + \ldots + c_n + \ldots$ существует, то $c_n \to 0$ при $n \to \infty$.

2. Докажите, что если $a_n < C$ при любом n и $a_n \to \alpha$ при $n \to \infty$, то $\alpha \leqslant C$. Приведите пример, когда равенство достигается.

3. Дано, что $a_n \to \alpha$ при $n \to \infty$. Полагаем $b_n = a_{2n}$. Имеет ли последовательность $b_1, b_2, \ldots$ предел и чему он равен? Можно ли из существования предела у этой последовательности заключить, что последовательность $a_1, a_2, \ldots$ имеет предел? Если она имеет предел, то чему он равен?

4. Имеет ли предел последовательность $a_1, a_2, \ldots$, в которой $a_n = \dfrac{1}{2} - \dfrac{1}{3} + \ldots + \dfrac{(-1)^n}{n}$?

Указание 1. *Сгруппировать в пары соседние члены.*

5. Пусть $f(x)$ — многочлен степени d. Докажите, что $a_n \to 0$ при $n \to \infty$, если $a_n = \dfrac{f(n)}{n^{d+1}}$.

6. Найдите сумму ряда $b + ba + ba^2 + \ldots + ba^n + \ldots$, где $|a| < 1$, b — любое. Обычно последовательность $(b, ba, ba^2, \ldots)$ тоже называют бесконечной геометрической прогрессией.

7. В квадрате со стороной b середины сторон соединены отрезками. С полученным квадратом производится та же операция и т. д. Найдите сумму площадей всех получающихся квадратов.

8. Найдите сумму ряда $\dfrac{1}{1\cdot 2} + \dfrac{1}{2\cdot 3} + \ldots + \dfrac{1}{n(n+1)} + \ldots$.

9. Постройте последовательность рациональных положительных чисел, меньших единицы, у которой a_n имеет знаменатель n и которая не имеет предела.

10. Докажите, что если последовательность $a_1, a_2, \ldots$ имеет предел α, а последовательность $b_1, b_2, \ldots$ — предел β, то последовательность сумм $a_1 + b_1, a_2 + b_2, \ldots$ имеет предел $\alpha + \beta$.

§ 3. ЗАДАНИЕ ДЕЙСТВИТЕЛЬНЫХ ЧИСЕЛ ДЕСЯТИЧНЫМИ ДРОБЯМИ

В § 1 мы описали действительные числа при помощи системы аксиом. Теперь мы покажем, каким образом можно конкретно задавать действительные числа. Здесь мы не скажем ничего нового — речь будет идти об обосновании хорошо известной записи действительных чисел при помощи бесконечных десятичных дробей. Но теперь мы покажем, как существование такой записи выводится из аксиом, перечисленных в § 1.

Мы будем иметь в виду привычную запись, в которой целая часть может быть как положительной, так и отрицательной, а дробная часть (ее иногда называют мантиссой) будет всегда положительной.

Пусть A — произвольное целое число (любого знака) и $a_1, a_2, \ldots, a_n, \ldots$ бесконечная последовательность чисел, каждое из которых может принимать только 10 значений: 0, 1, 2, 3, 4, 5, 6, 7, 8, 9. Все это вместе мы будем записывать как $A{,}a_1a_2a_3\ldots$ и называть бесконечной десятичной дробью. Пока это всего лишь иначе записанная бесконечная последовательность. Теперь мы покажем, как ей можно сопоставить действительное число. Для этого определим для любого индекса n числа

$$\alpha_n = A + \frac{a_1}{10} + \ldots + \frac{a_n}{10^n}. \tag{5}$$

Очевидно, что последовательность $\alpha_1, \alpha_2, \ldots, \alpha_n, \ldots$ — возрастающая. Докажем, что она ограничена. Действительно, так как все $a_i \leqslant 9$, то

$$\frac{a_1}{10} + \frac{a_2}{10^2} + \ldots + \frac{a_n}{10^n} \leqslant \frac{9}{10}\left(1 + \frac{1}{10} + \ldots + \frac{1}{10^n}\right).$$

К сумме в скобке можно применить формулу для суммы геометрической прогрессии:

$$1 + \frac{1}{10} + \ldots + \frac{1}{10^{n-1}} = \frac{1 - \frac{1}{10^n}}{1 - \frac{1}{10}} < \frac{1}{\frac{9}{10}}$$

и в результате мы получаем, что

$$\frac{a_1}{10} + \frac{a_2}{10^2} + \ldots + \frac{a_n}{10^n} < 1, \tag{6}$$

так что $\alpha_n < A + 1$.

Согласно теореме 1 последовательность $\alpha_1, \alpha_2, \ldots, \alpha_n, \ldots$ имеет предел α. Действительное число α мы будем называть числом, ***соответствующим*** бесконечной десятичной дроби, и будем записывать это так:

$$\alpha = A{,}a_1a_2\ldots a_n\ldots. \tag{7}$$

Иногда говорят, что α *равно* десятичной дроби $A{,}a_1a_2\ldots a_n\ldots$. Таким образом, это означает просто, что α равно сумме бесконечного ряда $A + \frac{\alpha_1}{10} + \ldots + \frac{\alpha_n}{10^n}$.

Нашей дальнейшей целью является исследование этого соответствия между бесконечными десятичными дробями и действительными числами. Будет ли оно взаимно однозначным? Это подразумевает два вопроса: может ли двум разным десятичным дробям соответствовать одно и то же действительное число? Всякое ли действительное число соответствует некоторой десятичной дроби?

Рассмотрим первый вопрос. Прежде всего заметим, что ответ на него иногда оказывается положительным. Возьмем, например, бесконечную десятичную дробь $0{,}9999\ldots$, у которой после запятой стоят одни девятки. Какое действительное число ей соответствует? Согласно с общим определением мы должны рассмотреть последовательность $\alpha_n = \frac{9}{10} + \frac{9}{10^2} + \ldots + \frac{9}{10^n}$. Эту сумму просто вычислить: согласно формуле для суммы геометрической прогрессии (формула (12) гл. I) она равна

$$\frac{9}{10}\left(1+\frac{1}{10}+\ldots+\frac{1}{10^{n-1}}\right) = \frac{9}{10}\cdot\frac{1-\dfrac{1}{10^n}}{1-\dfrac{1}{10}} = \frac{9}{10}\cdot\frac{1-\dfrac{1}{10^n}}{\dfrac{9}{10}} = 1-\frac{1}{10^n}.$$

Очевидно, что предел последовательности $\alpha_1, \alpha_2, \ldots, \alpha_n, \ldots$ равен 1, так что $1 = 0{,}9999\ldots$. Но с другой стороны, конечно так же $1 = 1{,}00\ldots$, где перед запятой стоит 1, а после запятой — одни нули. Таким образом, двум разным бесконечным десятичным дробям соответствует одно и то же действительное число 1.

Ясно, что можно построить много примеров такого рода. В самом общем виде такой пример имеет следующий вид. Пусть бесконечная десятичная дробь имеет вид $A{,}a_1\ldots a_k99\ldots$, т. е. мы предполагаем, что начиная с некоторого знака (у нас с $k+1$-го) в ней стоят одни девятки. При этом мы можем предполагать, что $a_k \neq 9$, т. е., что k — это первое место, после которого идут одни девятки. Тогда дословно повторяя предшествующее рассуждение, можно проверить, что эта дробь равна тому же самому числу, что и дробь $A{,}a_1\ldots a_{k-1}(a_k+1)000\ldots$, у которой после k-го знака стоят одни нули. Про дробь, у которой, начиная с некоторого знака, всюду стоит 9, говорят, что она имеет 9 в периоде. Мы видели, что для таких дробей нарушается взаимная однозначность соответствия между дробями и действительными числами.

Несколько неожиданно, что нарушение происходит только в этих случаях.

Теорема 2. *Двум разным бесконечным десятичным дробям, ни одна из которых не имеет 9 в периоде, соответствуют разные действительные числа.*

Доказательство теоремы получается само собой, если связать нашу конструкцию действительного числа, определенного десятичной дробью, с привычным измерением числа с точностью до $\frac{1}{10^m}$ с избытком и недостатком. Надо разделить прямую на отрезки длины $\frac{1}{10^m}$, концы которых — рациональные числа со знаменателем 10^m. Тогда каждая точка прямой, т. е. каждое действительное число, попадет в один отрезок. Его начало и конец и дают измерение нашего числа с недостатком и избытком с точностью до $\frac{1}{10^m}$. Однако, неоднозначность возникает с самими точками деления, т. е. с рациональными числами, имеющими знаменатель вида 10^m. Они примыкают к двум отрезкам. К какому их относить — левому или правому? Это та же трудность, которая возникает в связи с девятками в периоде. Мы покажем, что наш выбор (без девятки в периоде) соответствует тому, чтобы точку деления относить к правому примыкающему к ней отрезку. Иначе говоря, построенные нами числа α_m и определенное ими число α связаны соотношением

$$\alpha_m \leqslant \alpha < \alpha_m + \frac{1}{10^m}. \tag{8}$$

(То, что числа α_m являются рациональными числами со знаменателем вида 10^m, видно из их записи (5).)

Вспомним, что число α определено как предел последовательности $\alpha_1, \alpha_2, \ldots, \alpha_n \ldots$. Все числа α_n с $n \geqslant m$, очевидно, удовлетворяют условию $\alpha_n \geqslant \alpha_m$. Отсюда такое же неравенство вытекает и для их предела α. Действительно, из предположения $\alpha < \alpha_m$ мы могли бы заключить, что $\alpha_n - \alpha = (\alpha_n - \alpha_m) + (\alpha_m - \alpha) \geqslant \alpha_m - \alpha$ для всех $n \geqslant m$. Но по определению предела число $\alpha_n - \alpha$ по абсолютной величине становится меньше любого наперед заданного положительного числа при достаточно большом n. Это противоречит тому, что оно не меньше фиксированного положительного числа $\alpha_m - \alpha$. (Ср. задачу 2 к § 2.)

Тем самым доказано левое неравенство в соотношении (8). Правое неравенство можно было бы доказать точно так же, если бы мы согласились поставить в нем знак «$\leqslant$» вместо «$<$». Именно, для любого $n > m$ мы имеем

$$\alpha_n = \alpha_m + \frac{a_{m+1}}{10^{m+1}} + \ldots + \frac{a_n}{10^n} \leqslant \alpha_m + \frac{1}{10^m}\left(\frac{a_{m+1}}{10} + \ldots + \frac{a_n}{10^{n-m}}\right), \quad (9)$$

и применяя неравенство (6), можем заключить, что $\alpha_n < \alpha_m + \dfrac{1}{10^m}$. Отсюда, повторяя предшествующее рассуждение, мы получим, что $\alpha \leqslant \alpha_m + \dfrac{1}{10^m}$.

Но если мы хотим получить правое неравенство в соотношении (8) со знаком «$<$», мы должны воспользоваться тем, что дробь $A{,}a_1a_2\ldots$ не имеет 9 в периоде. Доказательство становится немного сложнее. Докажем левое неравенство в (8) для некоторого фиксированного индекса m. Воспользуемся тем, что десятичная дробь а не имеет 9 в периоде. Поэтому вслед за a_m должна где-то встретиться цифра a_k, отличная от 9. Для любого $n > k$ запишем

$$\alpha_n = \alpha_m + \left(\frac{a_{m+1}}{10^{m+1}} + \ldots + \frac{a_k}{10^k}\right) + \left(\frac{a_{k+1}}{10^{k+1}} + \ldots + \frac{a_n}{10^n}\right).$$

Как и выше, мы видим, что

$$\frac{a_{k+1}}{10^{k+1}} + \ldots + \frac{a_n}{10^n} \leqslant \frac{1}{10^k}$$

и поэтому

$$\alpha_n \leqslant \alpha_m + \left(\frac{a_{m+1}}{10^{m+1}} + \ldots + \frac{a_k + 1}{10^k}\right).$$

Так как $a_k \neq 9$, то $a_k + 1$ есть одна из цифр $0, 1, \ldots . 9$.

Положим

$$c = \frac{a_{m+1}}{10} + \ldots\ldots\ldots \frac{a_k + 1}{10^{k-m}}.$$

Мы можем еще раз повторить уже проведенное рассуждение и получим, что $c < 1$. Число c зависит только от выбора m и k, но не от n. Поэтому, заменяя α_n его пределом α, мы получим, как и раньше

$$\alpha \leqslant \alpha_m + \frac{c}{10^m} < \alpha_m + \frac{1}{10^m}.$$

Тем самым неравенство (8) доказано.

Из соотношения (8) сразу следует, что двум разным десятичным дробям, не имеющим 9 в периоде, не может соответствовать одно и то же действительное число. Пусть дробям $A,a_1a_2\ldots$ и $A',a'_1a'_2\ldots$ соответствует одно и то же число α. Тогда, наряду с соотношениями (8), мы имеем соотношения

$$\alpha'_m \leqslant \alpha < \alpha'_m + \frac{1}{10^m},$$

где $\alpha'_m = A' + \frac{a'_m}{10} + \ldots + \frac{a'_m}{10^m}$. Пусть $\alpha'_m \neq \alpha_m$ и $\alpha'_m > \alpha_m$. Из этих соотношений следует, что $\alpha'_m < \alpha_m + \frac{1}{10^m}$, т. е. $\alpha'_m - \alpha_m < \frac{1}{10^m}$. Но это противоречит тому, что α_m и α'_m — различные рациональные числа, имеющие знаменатель вида 10^m. Таким образом, $\alpha'_m = \alpha_m$ для всех m. Но числа a_m однозначно определяются числами α_m, так как $\alpha_m - \alpha_{m-1} = \frac{a_m}{10^m}$. Поэтому и они у обеих дробей должны совпадать.

Теперь перейдем ко второму вопросу: всякое ли действительное число соответствует некоторой бесконечной десятичной дроби. Как ответ на этот вопрос, так и метод доказательства вам несомненно уже знаком. Мы хотим только убедиться, что эти привычные рассуждения опираются на сформулированные нами аксиомы.

Прежде всего заметим, что всякое действительное число α расположено между двумя последовательными целыми числами, т. е. существует такое целое число A, что $A \leqslant \alpha < A + 1$. Пусть сначала α положительно. Согласно аксиоме Архимеда существует такое целое число n, что $\alpha < n$. Очевидно, что $n > 0$ и так как существует только конечное число натуральных чисел, не превосходящих n, то существует последнее (самое маленькое) число с этим свойством. Мы будем обозначать его через m. Тогда $\alpha < m$, но $m - 1$ уже таким свойством не обладает; значит, $m - 1 \leqslant \alpha < m$ и $A = m - 1$ обладает нужным нам свойством. Если же α отрицательно, то положим $\alpha' = -\alpha$. Тогда $\alpha' > 0$ и мы можем применить к нему доказанное утверждение: существует такое n, что $n \leqslant \alpha' < n + 1$. Из аксиомы IV_3 легко следует, что тогда $-(n+1) < \alpha \leqslant -n$. Если $\alpha' \neq n$, то мы можем положить $A = -(n+1)$ и $A < \alpha < A+1$. Если же $\alpha' = -n$, то надо положить

$A = -n$. Итак, для любого действительного числа α существует такое целое A, что $A \leqslant \alpha < A + 1$, и значит а может быть представлено в виде $\alpha = A + \varepsilon$, где $0 \leqslant \varepsilon < 1$.

Теперь заметим, что если для трех чисел a_1, a_2, a_3 верно $a_1 < a_2$, $a_2 < a_3$, то для любого α, удовлетворяющего условиям $a_1 \leqslant \alpha < a_3$, выполняется одно из условий $a_1 \leqslant \alpha < a_2$ или $a_2 \leqslant \alpha < a_3$. На чертеже это просто значит, что интервал (a_1, a_3) составлен из интервалов (a_1, a_2) и (a_2, a_3) (рис. 1.1).

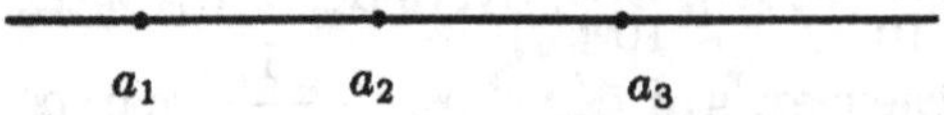

Рис. 1.1

А формально это является следствием того, что для любого α выполняется одно из соотношений $a < a_2$, или $a_2 < \alpha$, или $a_2 = \alpha$.

Рассмотрим более общий случай: пусть для n чисел $\alpha_1, \ldots, \alpha_n$ выполняются условия $\alpha_1 < \alpha_2, \alpha_2 < \alpha_3, \ldots, \alpha_{n-1} < \alpha_n$. Тогда для любого числа α, для которого $\alpha_1 \leqslant \alpha < \alpha_n$, выполнено условие $\alpha_{i-1} \leqslant \alpha < \alpha_i$ для некоторого $i = 2, 3, \ldots, n$. Для доказательства надо применить предшествующее утверждение к трем числам: $\alpha_1, \alpha_2, \alpha_n$. Тогда либо $\alpha_1 \leqslant \alpha < \alpha_2$ (и наше утверждение верно при $i = 2$), либо $\alpha_2 \leqslant \alpha < \alpha_n$. После этого надо рассмотреть числа $\alpha_2, \alpha_3, \alpha_n$ и т. д. При некотором i мы придем к нужному соотношению $\alpha_{i-1} \leqslant \alpha < a_i$.

После этого небольшого отступления мы можем вернуться к нашему основному вопросу. Мы уже доказали, что любое действительное число α может быть представлено в виде $A + \varepsilon$, где A — целое число и $0 \leqslant \varepsilon < 1$. Теперь мы рассмотрим числа $\frac{k}{10}$, $k = 0, 1, \ldots, 10$. Согласно предшествующему результату можно утверждать, что $\frac{k}{10} \leqslant \varepsilon < \frac{k+1}{10}$ для некоторого k, $0 \leqslant k < 10$. Обозначив это число k через a_1, мы можем написать $\varepsilon = \frac{a_1}{10} + \varepsilon_1$, где $0 \leqslant \varepsilon_1 < \frac{1}{10}$. Отсюда $\alpha = A + \frac{a_1}{10} + \varepsilon_1$. Продолжая этот процесс, мы получим числа $a_1 \ldots, a_n, \ldots$, где всегда $0 \leqslant a_i \leqslant 9$, и для любого n $\alpha = A + \frac{a_1}{10} + \ldots + \frac{a_n}{10^n} + \varepsilon_n$, $0 \leqslant \varepsilon_n < \frac{1}{10^n}$.

Но это и означает, что последовательность $\alpha_1, \alpha_2, \ldots, \alpha_n, \ldots$, где $\alpha_n = A + \frac{a_1}{10} + \ldots + \frac{a_n}{10^n}$ имеет пределом α, т. е., что бесконечной десятичной дроби $A{,}a_1a_2 \ldots a_n \ldots$ соответствует число α.

Суммируя все доказанное, мы можем сказать, что *сопоставление бесконечной десятичной дроби действительного числа не устанавливает взаимно однозначного соответствия между бесконечными десятичными дробями и действительными числами, но это соответствие станет взаимно однозначным, если из множества бесконечных десятичных дробей исключить дроби, имеющие 9 в периоде.*

Задачи

1. Докажите, что действительное число α соответствует бесконечной десятичной дроби, имеющей 0 в периоде в том и только том случае, когда а является рациональным числом $\frac{a}{b}$, где a и b целые, причем b делится только на простые числа 2 и 5.

2. При сопоставлении рациональному числу $\frac{a}{b}$ бесконечной десятичной дроби достаточно вычислить мантиссу и поэтому можно считать, что $0 < a < b$. Пусть $\alpha_n = \frac{a_1}{10} + \frac{a_2}{10^2} + \ldots + \frac{a_n}{10^n}$, где $0{,}a_1a_2 \ldots$ — бесконечная десятичная дробь, соответствующая числу $\frac{a}{b}$. Докажите, что $\frac{a}{b} - \alpha_n = \frac{r_n}{10^n b}$, где $0 \leqslant r_n < b$ и числа r_n связаны соотношением $10r_{n-1} = ba_n + r_n$, т. е. a_n — неполное частное, r_n — остаток от деления $10r_{n-1}$ на b. Убедитесь, что этот последовательный способ вычисления знаков ап десятичной дроби совпадает с обычным способом «деления уголком».

3. Докажите, что бесконечная десятичная дробь, соответствующая рациональному числу, периодична, т. е. имеет вид $(* * \ldots)(\mathcal{P})(\mathcal{P}) \ldots$, где (**...) обозначает некоторую конечную группу знаков, после которой повторяется одна и та же группа знаков $(\mathcal{P})$, называемая *периодом*.

Указание 1. *Воспользуйтесь задачей 2 (т. е. «делением уголком») и заметьте, что число остатков при делении $10r_{n-1}$ на b конечно (не больше, чем b).*

4. Докажите, что если знаменатель b дроби $\frac{a}{b}$ взаимно прост с 10, то период начинается сразу после запятой.

5. В предположениях задачи 4 докажите, что число цифр в периоде равно наименьшему числу k, для которого $10^k - 1$ делится на b.

6. В предположениях задач 4 и 5 докажите, что число цифр в периоде не превосходит числа натуральных чисел, не превосходящих числа b и взаимно простых с b. Это число задается формулой (25) главы III.

7. Докажите, что любой периодической бесконечной десятичной дроби соответствует рациональное число. А именно, если перед периодом дроби стоит $A,a_1a_2\ldots a_r$ в периоде группа цифр $(p_0, p_1 \ldots p_{m-1})$, $A+\frac{a_1}{10}+\ldots+\frac{a_n}{10^n} = Q$ и $p_0 10^{m-1} + p_1 10^{m-2} + \ldots + p_{m-1} = \mathcal{P}$, то дроби соответствует рациональное число $Q + \frac{\mathcal{P}}{10^n(10^m - 1)}$.

8. Докажите, что бесконечная десятичная дробь 0,1001000100001 ..., где число нулей между двумя единицами каждый раз увеличивается на 1, соответствует иррациональному числу.

§ 4. ДЕЙСТВИТЕЛЬНЫЕ КОРНИ МНОГОЧЛЕНОВ

Создав более прочную основу для теории действительных чисел, мы можем теперь получить несколько новых результатов о действительных корнях многочленов с действительными коэффициентами. Для этого сначала нам надо исследовать поведение многочлена $f(x)$ вблизи одного значения $x = a$.

Теорема 3. *Для любого многочлена $f(x)$ и любого числа a существует такая положительная постоянная M, что выполняется неравенство*

$$|f(x) - f(a)| \leqslant M|x - a| \tag{10}$$

для всех x, для которых $|x - a| \leqslant 1$.

Напомним, что $|A|$ (читается как «абсолютная величина числа A») по определению равно A, если $A \geqslant 0$, и $-A$, если $A < 0$. Таким образом, $|A|$ — всегда неотрицательное число. Известны из школьного курса свойства $|A|$:

$$|A+B| \leqslant |A|+|B| \tag{11}$$

$$|A+B| \geqslant |A|-|B| \tag{12}$$

$$|AB| = |A|\cdot|B|. \tag{13}$$

Теорема 3 оценивает количественно, насколько мало отличается $f(x)$ от $f(a)$, если x мало отличается от a. Для доказательства теоремы положим $y = x-a$, т. е. $x = a+y$, и подставим это значение в многочлен $f(x)$. Каждый член $a_k x^k$ многочлена $f(x)$ после подстановки дает выражение $a_k(a+y)^k$, которое мы можем развернуть по степеням y, а потом привести в $f(a+y)$ подобные члены. В результате мы получим, что $f(a+y)$ является многочленом относительно y, который мы обозначим через $g(y) = c_0+c_1y+\ldots+c_ny^n$. Тогда $f(x) = f(a+y) = g(y)$, $f(a) = f(a+0) = g(o) = c_0$, $x-a = y$, и неравенство (5), которое мы хотим доказать приобретает вид:

$$|g(y)-g(0)| \leqslant M|y| \tag{14}$$

для всех y, для которых $|y| \leqslant 1$.

В преобразованном виде выражение $g(y)-g(0)$ приобретает простой вид $c_1y+\ldots+c_ny^n$ (так как $g(0) = c_0$). Неравенство (11) можно применить и к сумме любого числа слагаемых (что сразу же проверяется по индукции), и, в частности, к нашей сумме $c_1y+\ldots+c_ny^n$. Мы получим, что

$$|g(y)-g(0)| = |c_1y+\ldots+c_ny^n| \leqslant |c_1y|+\ldots+|c_ny^n|.$$

Ввиду равенства (13) (тоже примененного к произвольному числу сомножителей) $|c_ky^k| = |c_k|\cdot|y|^k$, так что

$$|g(y)-g(0)| \leqslant |c_1||y|+\ldots+|c_n||y|^n.$$

Так как по предположению $|y| \leqslant 1$, то $|y|^k \leqslant |y|$, и мы имеем:

$$|g(y)-g(0)| \leqslant (|c_1|+\ldots+|c_n|)|y|.$$

при $|y| \leqslant 1$.

Достаточно положить $M = |c_1| + \ldots + |c_n|$, и мы получим неравенство (14), а значит и (10).

Теперь мы можем доказать важное свойство многочленов:

Теорема 4 (Больцано). *Если многочлен принимает при $x = a$ и $x = b$ значения разных знаков, то между ними он обращается в 0.*

То есть если для некоторого многочлена $f(x)$ значения $f(a)$ и $f(b)$ — числа разных знаков и $a < b$, то существует такое c, что $a < c < b$ и $f(c) = 0$.

Теорема 2 кажется очевидной наглядно, если взглянуть на график многочлена $f(x)$ (рис. 1.2).

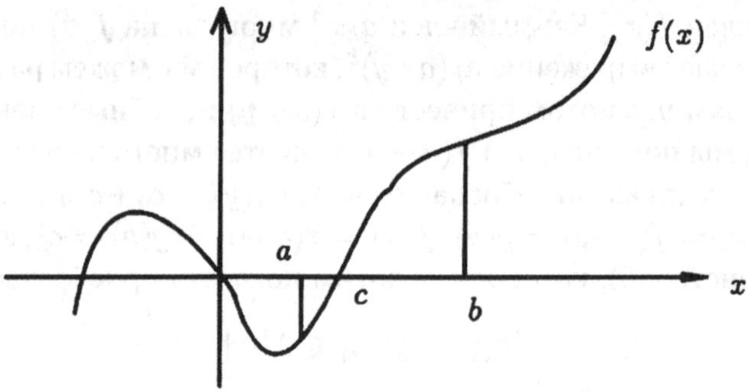

Рис. 1.2

Она утверждает, что график не может «перескочить» через ось x, не пересекая ее. Но как раз *нарисовать* такой график вполне можно (рис. 1.3).

Нам надо доказать, что такой график не может быть графиком многочлена. Для более общих функций это связано с довольно тонким свойством, называемым *непрерывностью*. В случае же многочленов достаточно простого неравенства (10), установленного в теореме 3.

Доказательство основывается на том же принципе «ловли льва в пустыне», при помощи которого мы доказали теорему 1.

Предположим для определенности, что $f(a) > 0$, $f(b) < 0$. Рассмотрим отрезок $[a, b]$ (т. е. множество действительных чисел x, для которых $a \leqslant x$ и $x \leqslant b$). Обозначим этот отрезок через I_1 и разделим его на два равных по длине отрезка точкой

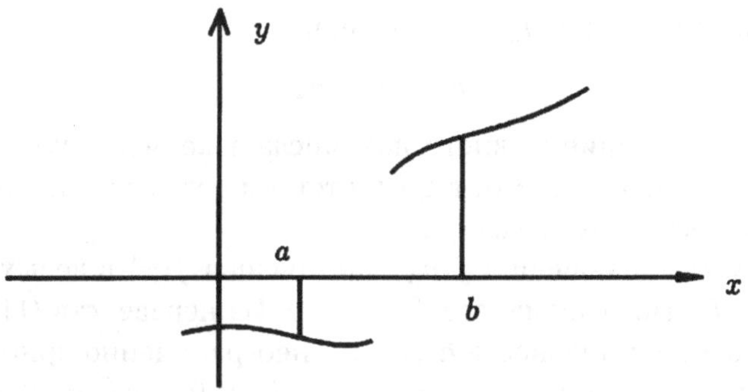

Рис. 1.3

$r = \dfrac{a+b}{2}$. Если $f(r) = 0$, то теорема доказана $(c = r)$. Если же $f(r) \neq 0$ и $f(r) > 0$, то многочлен $f(x)$ принимает значения разных знаков при $x = r$ и $x = b$. Тогда обозначим через I_2 отрезок $[r, b]$. Если окажется, что $f(r) < 0$, то через I_2 обозначим отрезок $[a, r]$. В обоих случаях мы получим отрезок I_2, содержащийся в I_1, в два раза меньшей длины, чем I_1, в концах которого многочлен $f(x)$ принимает значения противоположных знаков, а именно — положительное в левом конце и отрицательное — в правом.

Этот процесс можно продолжать дальше. Либо мы когда-то столкнемся с корнем многочлена $f(x)$ (и теорема будет доказана), либо процесс будет продолжаться неограниченно. Остается рассмотреть этот последний случай. Мы получим бесконечную последовательность вложенных друг в друга отрезков: $I_1 \supset I_2 \supset \ldots \supset$ $\supset I_n \supset \ldots$, $I_n = [a_n, b_n]$, так что следующий составляет половину предшествующего ему, и многочлен $f(x)$ принимает значения противоположных знаков в концах a_n и b_n каждого отрезка I_n, причем $f(a_n) > 0$, $f(b_n) < 0$. Вот тут мы и воспользуемся более строгим анализом понятия действительного числа, приведенном в § 1. Отрезки I_n удовлетворяют условиям аксиомы VII (аксиомы о вложенных отрезках) и леммы, доказанной в § 1. Действительно, отрезки I_n вложены друг в друга по построению, а так как I_n есть половина отрезка I_{n-1}, то длина отрезка I_n равна $\dfrac{b-a}{2^{n-1}}$, т. е. становится неограниченно малой с ростом n. Поэтому согласно аксиоме VII и лемме существует единственное число c, принадлежащее всем отрезкам I_n, т. е. такое, что

$$a_n \leqslant c \leqslant b_n. \tag{15}$$

На этом построение нужного нам числа закончено. Именно, мы утверждаем, что $f(c) = 0$, в соответствии с утверждением теоремы. Но остается это доказать.

Рассмотрим значения $f(a_n)$ многочлена $f(x)$ в левых концах отрезков I_n. По условию все $f(a_n) > 0$. Из неравенств (11) следует, что последовательность $a_1, a_2, \ldots$ неограниченно приближается к числу c: действительно, $a_n \leqslant c \leqslant b_n$ и $0 \leqslant c - a_n \leqslant b_n - a_n$, причем по условию $b_n - a_n = \dfrac{b-a}{2^{n-1}}$. Поэтому мы можем удовлетворить неравенству $|a_n - c| < \varepsilon$, если $\dfrac{b-a}{2^{n-1}} < \varepsilon$, а это будет верно при любом $\varepsilon > 0$, если выбрать n достаточно большим. Докажем, исходя из этого, что и значения $f(a_n)$ неограниченно приближаются к значению $f(c)$. Действительно, чтобы доказать, что $|f(a_m) - f(c)| \leqslant \varepsilon$ при достаточно большом m, мы можем воспользоваться неравенством (10) в теореме 3. Так как a_m неограниченно приближается к c, то $|a_m - c| < 1$ при достаточно большом m и мы можем применить неравенство (10). Мы видим, что $|f(a_m) - f(c)| < M|a_m - c|$ и значит $|f(a_m) - f(c)| < \varepsilon$, если $M|a_m - c| < \varepsilon$, т. е. $|a_m - c| < \dfrac{\varepsilon}{M}$. Но мы убедились, что такое неравенство выполнено для достаточно большого m $\left(\text{ведь } \dfrac{\varepsilon}{M}\right.$ можно опять обозначить через ε!$\left.\right)$.

Что же мы можем сказать о числе $f(c)$, про которое мы знаем, что к нему неограниченно приближается последовательность положительных чисел $f(a_n)$? Ясно, что $f(c) \geqslant 0$. Действительно, если бы $f(c)$ было отрицательным, то при положительных $f(a_n)$ мы имели бы $f(a_n) - f(c) \geqslant -f(c)$, поэтому $|f(a_n) - f(c)| \geqslant -f(c)$ и это противоречило бы тому, что $|f(a_n) - f(c)| < \varepsilon$, если $\varepsilon < -f(c)$.

Таким образом, мы доказали, что $f(c) \geqslant 0$. Совершенно так же, рассматривая числа b_n, для которых $f(b_n) < 0$, мы докажем, что $f(c) \leqslant 0$. Поэтому для $f(c)$ остается одна возможность: $f(c) = 0$. Тем самым теорема доказана.

Обратите внимание на совершенно новый тип рассуждения, при помощи которого мы доказали теорему. Мы собственно доказали (при некоторых условиях) существование корня c у многочлена $f(x)$. Но сделали это мы не при помощи формулы (как, например, при решении квадратного уравнения), а при помощи применения аксиомы о вложенных отрезках. В то же время, это далеко не чистая «теорема существования», когда мы узнаем только то, что некоторая величина существует — и ничего больше. Например, мы можем в действительности найти корень c с недостатком и с избытком с любой желаемой степенью точности, строя числа a_n и b_n, между которыми c содержится (неравенство (15)) и которые становятся все ближе друг к другу.

Теорема Больцано дает возможность узнать довольно много о конкретных многочленах. Рассмотрим, например, многочлен $f(x) = x^3 - 7x + 5$ и составим таблицу его значений при небольших по абсолютной величине целых значениях x (табл. 1.1).

Таблица 1.1

x	−3	−2	−1	0	1	2	3
$f(x)$	−1	11	11	5	−1	−1	11

Из табл. 1.1 видно, что многочлен $f(x)$ принимает значения противоположных знаков в концах отрезков: [2, 3], [0, 1] и [−3, −2]. По теореме Больцано он имеет корснь в каждом из этих отрезков. Таким образом, многочлен $f(x)$ имеет по крайней мере 3 корня. Но степень его равна 3 и согласно теореме 3 гл. II он не может иметь больше, чем 3 корня. Мы доказали, следовательно, что многочлен $f(x)$ имеет ровно 3 корня, и содержатся они в отрезках [2, 3], [0, 1] и [−3, −2].

И для некоторых других многочленов теорема Больцано дает точный ответ. Важный случай — это многочлены $x^n - a$, корни которых называют корнями степени n из a (обозначение: $\sqrt[n]{a}$). Рассмотрим сначала случай $a > 0$. Тогда при $x = 0$ многочлен $f(x) = x^n - a$ принимает отрицательное значение $-a$. С другой стороны, легко указать такое значение $x = c$, что $f(c) > 0$. Именно, по аксиоме Архимеда (аксиома VI) существует такое натуральное число m, что $m > a$. Тогда $m^n > m$ и $m^n - a > m - a > 0$. По теореме Больцано мы можем сказать, что в отрезке $[0, m]$

у многочлена имеется корень. Если же $a < 0$ и n четно, то многочлен очевидно не имеет корней: $x^n \geqslant 0$ как четная степень действительного числа и $x^n - a > 0$. Если n нечетно, то полагая $x = -y$ получим, что $x^n - a = -y^n - a = -(y^n + a)$. Многочлен $y^n + a$ (при $a < 0$) имеет, как мы показали, корень, значит и многочлен $x^n - a$. В школе обычно все эти рассуждения опускают (из-за отсутствия надежной теории действительного числа), однако доказывают (очень просто), что при n нечетном многочлен $x^n - a$ имеет не более одного корня (как мы видели — в точности один), а при n четном и $a > 0$ — не более двух корней, отличающихся знаком (и, значит, ровно два).

Однако в случае других многочленов теорема Больцано может ничего не дать. Например, в случае многочлена $x^2 - x + 2$. Из анализа формулы для решения квадратного уравнения можно заключить, что этот многочлен корней не имеет. Но если бы мы придавали x значения: $0, \pm 1, \pm 2, \ldots$, то получили бы положительные значения, и теорема Больцано ничего бы не дала. Ввиду этого мы займемся дальнейшим исследованием многочленов.

Теорема 3 уточняет значения многочлена при значениях x, близких к некоторому значению a. Теперь мы докажем похожее утверждение относительно значений многочлена при больших (по абсолютной величине) значениях x.

Теорема 5. *Для многочлена $f(x) = a_0 + a_1 x + \ldots + a_n x^n$ существует такая постоянная $N > 0$, что*

$$|a_0 + a_1 x + \ldots + a_{n-1} x^{n-1}| < |a_n x^n| \tag{16}$$

при всех значениях x, для которых $|x| > N$.

Теорема утверждает, что при достаточно больших значениях x абсолютная величина старшего члена превосходит абсолютную величину суммы всех других. Для доказательства мы воспользуемся неравенством (11) (для произвольного числа слагаемых) и равенством (13). Из них следует, что $|a_0 + a_1 x + \ldots + a_{n-1} x^{n-1}| \leqslant |a_0| + |a_1||x| + \ldots + |a_{n-1}||x|^{n-1}$, а $|a_n x^n| = |a_n||x|^n$. Для доказательства неравенства (16) достаточно убедиться, что $|a_0| + |a_1||x| + \ldots + |a_{n-1}||x|^{n-1} \leqslant |a_n||x|^n$, а это будет доказано, если мы покажем, что

$$|a_k||x|^k < \frac{1}{n}|a_n||x|^n \tag{17}$$

для каждого $k = 0, 1, \ldots, n-1$ и $|x| > N$ при достаточно большом N. Тогда, складывая все неравенства (17) для $k = 0, 1, \ldots, n-1$, мы и получим нужное неравенство.

Неравенство же (17) решается самым обычным способом. Неравенство (17) равносильно тому, что $|x|^{n-k} > \dfrac{n|a_k|}{|a_n|}$ или

$$|x| > \sqrt[n-k]{n\frac{|a_k|}{|a_n|}}. \tag{18}$$

Таким образом, нам достаточно выбрать за N любое число, большее всех чисел $\sqrt[n-k]{n\dfrac{|a_k|}{|a_n|}}$, $k = 0, 1, \ldots, n-1$, и для него будет верно утверждение теоремы 5.

Из теоремы 5 вытекает ряд полезных следствий. Заметим, что в условиях теоремы (т. е. при $|x| > N$) обязательно $|f(x)| > 0$, это сразу следует из неравенства (12)

$$|f(x)| = |a_0 + a_1x + \ldots + a_nx^n| \leqslant |a_nx^n| - |a_0 + a_1x + \ldots + a_{n-1}x^{n-1}|.$$

Но это означает, что многочлен $f(x)$ не имеет корней x с $|x| > N$. Иными словами, корни многочлена (если они существуют) должны содержаться в отрезке $|x| \leqslant N$, причем, как мы показали (неравенство (18)), за N можно взять наибольшее из чисел $\sqrt[n-k]{n\dfrac{|a_k|}{|a_n|}}$. Говорят, что такое число N является *границей корней* многочлена. Так, для многочлена $x^3 - 7x + 5$ мы можем взять за N любое число, большее $\sqrt[3]{3 \cdot 5}$ и $\sqrt{3 \cdot 7}$. Например, подходит $N = 4{,}6$. Значит, корни многочлена расположены между $-4{,}6$ и $4{,}6$. Раньше мы убедились, что они действительно содержатся даже между -3 и $+3$ (см. табл. 1.1).

Из теоремы 5 можно однако вывести и больше, чем только утверждение, что $f(x) \neq 0$, если $|x| > N$ при найденном там значении N. Вычисляя значения $a_0 + a_1x + \ldots + a_{n-1}x^{n-1} + a_nx^n$, мы складываем два действительных числа $a_0 + a_1x + \ldots + a_{n-1}x^{n-1}$ и a_nx^n, из которого первое по абсолютной величине меньше второго (при $|x| > N$). Но тогда знак суммы определяется знаком второго слагаемого. Мы приходим к следующему утверждению:

Следствие 1. *При $|x| > N$, где N — граница корней, определенная в теореме 5, значение многочлена $f(x)$ имеет тот же знак, что и старший член $a_n x^n$.*

Предположим, что степень n многочлена — нечетное число. Тогда знак старшего члена $a_n x^n$ при $x > 0$ совпадает со знаком коэффициента a_n, а при $x < 0$ — противоположен ему. Следствие 1 показывает, что при $x > N$ и $x < -N$ и сам многочлен принимает значения противоположных знаков (именно знака a_n и знака $-a_n$). Теорема Больцано дает, что между этими значениями содержится хотя бы один корень многочлена. Мы получаем следующее утверждение:

Следствие 2. *Многочлен нечетной степени имеет хотя бы один корень.*

Это очень неожиданное утверждение. Ведь вы знаете, что многочлен второй степени может не иметь корней (например многочлен $x^2 + 1$). Казалось бы, такое явление тем более может встретиться среди многочленов большей степени: 3 и т. д. Но вот, например, согласно следствию, многочлен степени 3 обязательно имеет корень. Положение здесь оказывается более сложным: оно зависит не только от величины степени уравнения, но и от ее четности.

Наконец, рассмотрим еще одно свойство многочленов, которое сильно облегчит исследование в конкретных случаях. Теорема 3 дала нам сведения об абсолютной величине разности $f(x) - f(a)$, когда разность $x - a$ мала. Теперь мы исследуем *знак* разности $f(x) - f(a)$. При этом мы исключим те случаи, когда значение $x = a$ является корнем производной $f'(x)$ многочлена $f(x)$. Эти исключительные значения a можно было бы легко исследовать таким же способом, но это сейчас нам не понадобится.

Теорема 6. *Пусть задан многочлен $f(x)$ и значение $x = a$, не являющееся корнем его производной $f'(x)$ (т. е. $f'(a) \neq 0$). Если $f'(a) > 0$, то значения $f(x)$ вблизи слева от a меньше, чем $f(a)$, а вблизи справа — больше. Если же $f'(a) < 0$, то значения $f(x)$ вблизи слева от a больше, чем $f(a)$, а вблизи справа — меньше.*

Это значит, что существует такое достаточно малое число $\varepsilon > 0$ (зависящее от $f(x)$ и от a), что при $f'(a) > 0$ для $a - \varepsilon < x < a$

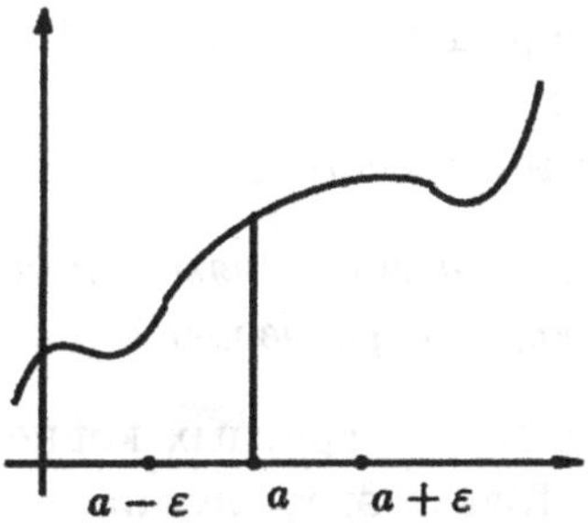

$f'(a) > 0$

Рис. 1.4

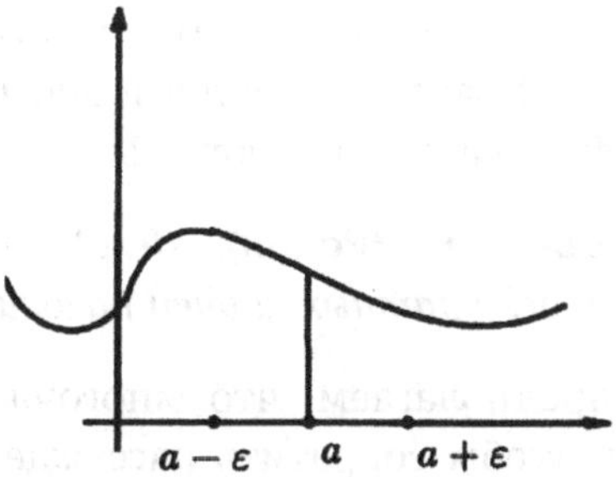

$f'(a) < 0$

Рис. 1.5

будет $f(x) < f(a)$, а для $a < x < a + \varepsilon$ будет $f(x) > f(a)$. Если же $f'(a) < 0$, то для $a - \varepsilon < x < a$ будет $f(x) > f(a)$, а для $a < x < a + \varepsilon$ будет $f(x) < f(a)$ (см. расположение графика $f(x)$ на рис. 1.4 и 1.5).

Доказательство очень просто. Мы знаем по теореме Безу, что многочлен $f(x) - f(a)$ делится на $x - a$. Поэтому

$$f(x) - f(a) = (x - a)g(x, a), \tag{19}$$

где коэффициенты многочлена $g(x, a)$ зависят от a. При $x = a$ многочлен $g(x, a)$ принимает значение $f'(a)$ (это и было наше определение производной многочлена, см. формулу (13) гл. II). Так как по условию $f'(a) \neq 0$, то и $g(a, a) = f'(a) \neq 0$. Обозначим через ε любое число, меньшее расстояния от a до ближайшего корня многочлена $g(x, a)$ (здесь a у нас фиксировано, а x является неизвестной), так что многочлен $g(x, a)$ не обращается в 0 в отрезке $[a - \varepsilon, a + \varepsilon]$. Тогда он сохраняет в этом отрезке тот же знак, что и при $x = a$: если бы он принимал два значения разных знаков, то по теореме Больцано обращался бы в 0 в том же отрезке, что противоречит выбору числа ε. Это, собственно, и содержит уже утверждение теоремы 6. Пусть, например, $f'(a) > 0$. Тогда и $g(a, a) = f'(a) > 0$, и по сказанному $g(x, a) > 0$ при $a - \varepsilon < x < a + \varepsilon$. Другой множитель $x - a$ в формуле (19) тоже ведет себя известным нам образом: $x - a < 0$ при $a - \varepsilon < x < a$ и $x - a > 0$ при $a < x < a + \varepsilon$. Перемножая, получаем из формулы (19), что $f(x) - f(a) < 0$ при $a - \varepsilon < x < a + \varepsilon$ и $f(x) - f(a) > 0$

при $a < x < a + \varepsilon$. Это и есть утверждение теоремы. Случай $f'(a) < 0$ разбирается дословно так же.

Из доказанной теоремы вытекает интересное следствие.

Теорема 7 (Ролля). *Между двумя соседними корнями многочлена без кратных корней находится корень производной.*

Мы предполагаем, что многочлен не имеет кратных корней — лишь чтобы сократить рассуждения. Только этот случай и будет нам дальше встречаться.

Пусть α и β, $\alpha < \beta$ — два соседние корня многочлена $f(x)$, так что он не имеет корней, лежащих между ними. Так как мы предположили, что многочлен не имеет кратных корней, то α и β не являются кратными корнями, и согласно теореме 5 гл. II $f'(\alpha) \neq 0$, $f'(\beta) \neq 0$. Пусть, например, $f'(\alpha) > 0$. Докажем, что тогда $f'(\beta) < 0$. Действительно, если бы было $f'(\beta) > 0$, то по предшествующей теореме мы имели бы $f(x) > f(a) = 0$ при $\alpha + \varepsilon > x > \alpha$ и $f(y) < f(\beta) = 0$ при $\beta - \varepsilon < y < \beta$. Таким образом, при любом x, для которого $\alpha + \varepsilon > x > \alpha$, и для любого y, для которого $\beta - \varepsilon < y < \beta$, мы имеем $f(x) > 0$ и $f(y) < 0$. Тогда по теореме Больцано многочлен f должен иметь корень, расположенный между x и y, т. е. в отрезке $[\alpha, \beta]$. Это противоречит тому, что α и β, как мы предположили, являются соседними корнями многочлена $f(x)$. Мы видим, что остается одна возможность $f'(\beta) < 0$, но тогда по теореме Больцано многочлен $f'(x)$ имеет корень между α и β. На рис. 1.6 и 1.7 указаны невозможный и возможный случаи знаков $f'(\alpha)$ и $f'(\beta)$ (при $f'(\alpha) > 0$). Случай, когда $f'(\alpha) < 0$, рассматривается дословно так же.

В заключение параграфа покажем, что доказанные нами теоремы уже достаточны, чтобы полностью решить вопрос о числе корней многочлена третьей степени. В § 3 гл. II мы видели, что любое уравнение третьей степени можно заменить равносильным ему уравнением вида $x^3 + ax + b = 0$. В таком виде мы и будем его дальше рассматривать.

Прежде всего решим вопрос о кратных корнях. Мы доказали в § 2 гл. II, что кратные корни многочлена — это общие корни многочлена и его производной. По формуле (15) гл. II для многочлена $f(x) = x^3 + ax + b$ производная равна $f'(x) = 3x^2 + a$.

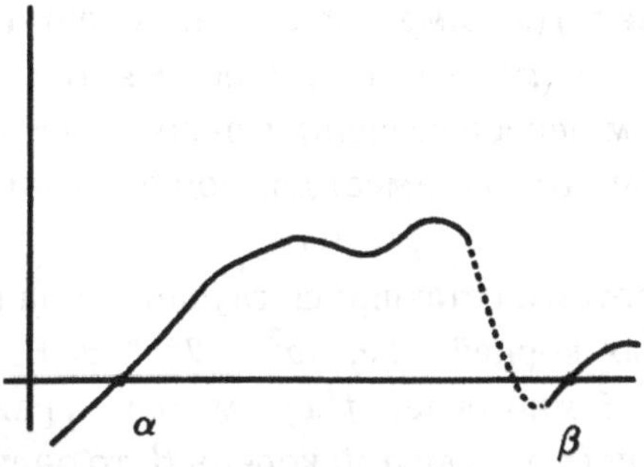

$f'(\alpha) > 0,\ f'(\beta) > 0$ невозможны

Рис. 1.6

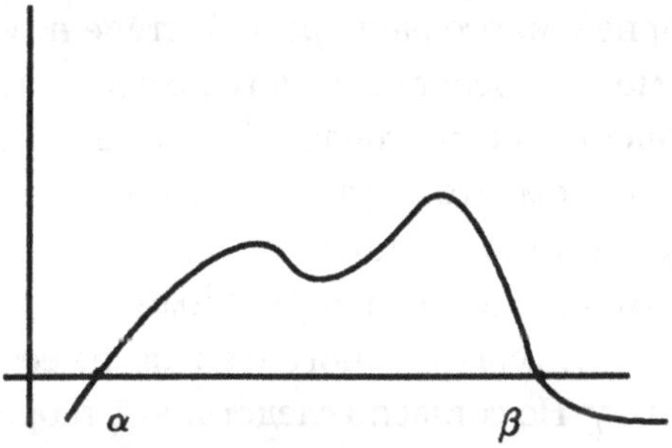

$f'(\alpha) > 0,\ f'(\beta) < 0$ возможны

Рис. 1.7

Если $a > 0$, то производная не имеет корней, и значит многочлен $f(x)$ не имеет кратных корней. Если же $a < 0$, то обозначим через δ положительный корень многочлена $3x^2 + a$ $\left(\text{т. е. } \delta = +\sqrt{-\frac{a}{3}}\right)$. Тогда многочлен $f(x)$ может иметь кратным корнем только δ или $-\delta$. Так как многочлен $f(x)$ можно записать в виде $f(x) = (x^2 + a)x + b$, а для $x = \pm\delta$, $x^2 = -\frac{a}{3}$ и $x^2 + a = \frac{2a}{3}$, то условие того, что $f(x)$ имеет кратный корень, приобретает вид $\pm\delta\frac{2a}{3} = -b$ или $\delta^2\frac{4a}{9} = b^2$, а так как $\delta^2 = -\frac{a}{3}$, то условие приобретает вид $-\frac{4a^3}{27} = b^2$ или $4a^3 + 27b^2 = 0$. При выполнении этого условия многочлен $f(x)$ имеет кратный корень a и представляется в виде $f(x) = (x-a)^2 g(x)$. Здесь многочлен $g(x)$ должен быть многочленом первой степени и значит иметь один корень β. Таким образом, многочлен имеет два корня, равных α, и один корень, равный β.

Теперь рассмотрим оставшийся случай, когда многочлен $f(x)$ не имеет кратных корней, т. е. $4a^3 + 27b^2 \neq 0$. Согласно следствию 2 теоремы 5 многочлен $f(x)$ имеет по крайней мере один корень α. Если у него есть другой корень β, то он должен делиться на $(x-\alpha)(x-\beta)$, т. е. представляться в виде $f(x)=(x-\alpha)(x-\beta)g(x)$, где $g(x)$ — многочлен первой степени и следовательно имеет корень γ. Таким образом, многочлен $f(x)$ имеет три корня: α, β и γ. Больше трех корней многочлен третьей степени иметь не может. Мы видим, что может представиться только два случая: многочлен $f(x)$ имеет 1 корень или многочлен $f(x)$ имеет 3 корня. Наша задача заключается в том, чтобы узнать, какой из этих случаев имеет место (при заданных коэффициентах a и b).

Предположим, что многочлен $f(x)$ имеет три корня: α, β и γ, причем $\alpha < \beta < \gamma$. Значит многочлен не имеет корней, меньших α и больших γ. Но согласно следствию 1 теоремы 5 существует такое число N, что для достаточно больших x (точнее $x \geqslant N$), значения многочлена имеют тот же знак, что и значения старшего члена x^3 — т. е. положительны, а при $x \leqslant -N$ по той же причине отрицательны. Значит, при $x < \alpha$ всегда $f(x) < 0$, а при $x > \gamma$ всегда $f(x) > 0$ (рис. 1.8).

Так как $f(x) < 0$ при $\alpha - \varepsilon < x < \alpha$ и любом $\varepsilon > 0$, то согласно теореме 6 $f'(\alpha) > 0$, и значит $f(x) > 0$ при $\alpha < x < \alpha + \varepsilon$. Так как $f(x)$ не имеет корней между α и β, то по теореме Больцано принимает значения одного знака, так что $f(x) > 0$ при $\alpha < x < \beta$. Аналогично мы получаем, что $f(x) < 0$ при $\beta < x < \gamma$. Согласно теореме 7 между корнями α и β и между корнями β и γ лежит по корню производной $f'(x)$ многочлена $f(x)$. Так как $f'(x) = 3x^2 + a$, то при $a > 0$ производная не имеет корней, и этот случай (существование трех корней многочлена $f(x)$) невозможен. При $a = 0$ $f(x) = x^3 + b$. Как мы видели выше, такой многочлен имеет только один корень. Наконец, при $a < 0$ произ-

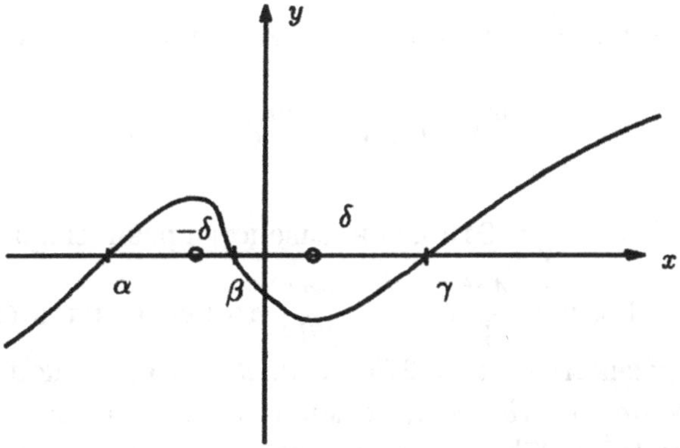

Рис. 1.8

водная $f'(x) = 3x^2 + a$ имеет два корня: $\delta > 0$ и $-\delta < 0$ $\left(\text{здесь } \delta = +\sqrt{-\frac{a}{3}}\right)$. Очевидно, $\alpha < -\delta < \beta < \delta < \gamma$.

Так как на отрезке от α до β многочлен принимает положительные значения, а на отрезке от β до γ — отрицательные, то

$$f(-\delta) > 0, \quad f(\delta) < 0 \tag{20}$$

(в предположении, что многочлен $f(x)$ имеет три корня).

Наоборот, если выполнены соотношения (20), то по теореме Больцано многочлен $f(x)$ имеет корень, лежащий между $-\delta$ и δ. Мы обозначим этот корень через β. Кроме того, согласно следствию 1 теоремы 5 для достаточно больших значений x многочлен принимает положительные значения, а для достаточно малых — отрицательные. Из теоремы Больцано тогда следует, что многочлен имеет корень, меньший чем $-\delta$, а также корень, больший, чем δ. Мы обозначим эти корни через α и γ соответственно. Таким образом, из соотношений (20) следует, что многочлен имеет 3 корня: α, β и γ. Иначе говоря, соотношения (20) *необходимы и достаточны для* того, чтобы многочлен $f(x)$ имел 3 корня. В остальных случаях он имеет 1 корень.

Доказанное утверждение уже решает нашу задачу. Мы преобразуем еще условия (20) к более простому виду. Так как $f(x) = (x^2+a)x+b$ и $3\delta^2+a=0$, $\delta^2 = -\frac{a}{3}$, то $f(\pm\delta) = (\delta^2+a)(\pm\delta)+b =$

$= \pm\delta\dfrac{2a}{3} + b$, поэтому соотношения (20) принимают вид

$$-\frac{2a}{3}\delta + b > 0, \quad \frac{2a}{3}\delta + b < 0$$

или $\dfrac{2a}{3}\delta < b < -\dfrac{2a}{3}\delta$. Эти два неравенства равносильны одному: $b^2 < \dfrac{4a^2}{3^2}\delta^2$. Так как $\dfrac{4a^2}{3^2}\delta^2 = -\dfrac{4a^3}{27b^2}$ то неравенства (20) равносильны неравенству $4a^3 + 27b^2 < 0$. Это и есть окончательный ответ: если $4a^3 + 27b^2 > 0$, то многочлен $x^3 + ax + b$ имеет 3 корня, если $4a^3 + 27b^2 = 0$, то он имеет два равных корня и еще один корень, а если $4a^3 + 27b^2 < 0$, то многочлен имеет 1 корень.

Разумеется, все сказанное относится только к многочленам третьей степени. Для многочленов произвольной степени можно провести аналогичное исследование, но рассуждения здесь несколько сложнее, и мы отнесем их к приложению.

Задачи

1. В конце гл. I мы доказали, что многочлен $x^3 - 7x^2 + 14x - 7$ не имеет рациональных корней, поэтому его корни — если они существуют — являются иррациональными числами. Определите число корней этого многочлена, их знаки и укажите, между какими двумя последовательными целыми числами содержится каждый корень.

2. Докажите, что многочлен $x^4 + ax + b$ или не имеет корней, или имеет два корня, и выведите условие (на коэффициенты a и b) того, что имеет место тот или другой случай.

3. Докажите, что число корней многочлена четной степени — четно, а нечетной — нечетно.

4. Докажите, что многочлен $x^n + ax + b$ имеет при n четном 0 или 2 корня, а при n — нечетном 1 или 3. Выведите условие (на коэффициенты a и b) того, что имеет место тот или другой случай.

5. Определите число корней многочлена $x^n + ax^{n-1} + b$ (в зависимости от n, a и b).

6. Докажите, что любой многочлен $f(x)$ принимает значения сколь угодно большие по абсолютной величине при достаточно больших по абсолютной величине значениях x.

7. Докажите, что в качестве границы корней N можно взять число $\dfrac{M}{|a_n|} + 1$, где M — наибольшее из чисел $|a_0|, \ldots, |a_{n-1}|$.

Указание 1. *Воспользоваться неравенством* $|a_0 + \ldots + a_{n-1}z^{n-1}| \leqslant \leqslant M(1 + |z| + \ldots + |z|^n)$.

8. Докажите, что многочлен $a_0 + a_1x + \ldots + a_{n-1}x^{n-1} + a_nx^n$, у которого $a_n > 0$, $a_i \leqslant 0$ для $i = 1, \ldots, n-1$, $a_0 < 0$, имеет ровно один положительный корень.

Указание 2. *Записать* $f(x)$ *в виде* $a_nx^n\left(1 + \dfrac{a_{n-1}}{a_nx} + \ldots + \dfrac{a_0}{a_nx^n}\right)$ *и исследовать выражения* $\dfrac{a_{n-k}}{a_nx^k}$ *на возрастание или убывание, когда* x *растет, оставаясь положительным.*

9. Пусть у многочлена $f(x)$ равны 0 все коэффициенты при четных степенях x, а коэффициенты при нечетных степенях положительны. Докажите, что он имеет единственный корень.

2. О РЕШЕНИИ УРАВНЕНИЙ ВЫСШИХ СТЕПЕНЕЙ: МЕТОД ШТУРМА

ВВЕДЕНИЕ

В курсе алгебры средней школы выводится формула для решения квадратного уравнения, а из курса физики видно, насколько необходима эта формула для решения многих физических вопросов (например, в задачах, связанных с равноускоренным движением, и т. д.).

Не меньшую роль, чем квадратные уравнения, играют в математике и ее приложениях уравнения третьей и более высоких степеней. Люди почти так же давно начали заниматься уравнениями высших степеней, как и квадратными уравнениями. Известны вавилонские клинописные таблички, в которых решаются некоторые кубические уравнения. Несмотря на то, что этим вопросом занимались так давно, основные факты об уравнениях высших степеней были открыты только в XIX веке. Эта лекция посвящена обзору некоторых основных свойств уравнений высших степеней.

Способ, которым мы будем выводить свойства уравнений высших степеней, резко отличается от того способа, при помощи которого в курсе алгебры средней школы выводят свойства квадратных уравнений. Почти все свойства квадратных уравнений выводятся из формулы для их решения, мы же не будем выводить формулу для решения уравнений высших степеней, а получим их свойства из некоторых общих алгебраических и геометрических соображений.

Дело в том, что для большинства уравнений высших степеней не существует такой формулы, как для уравнений второй степени. В тех же случаях, где такая формула есть, она настолько сложна, что из нее невозможно вывести никаких свойств уравнения. Но и независимо от этого, наш путь имеет еще одно преимущество: он делает более ясной истинную причину тех фактов, которые доказываются.

Все рассуждения, которые здесь будут приведены, годятся для уравнений любой степени. Часто они будут изложены в общем виде. В некоторых же случаях, когда рассуждение в общем случае принципиально то же, но удлиняет выкладку, мы будем приводить его лишь для уравнений третьей степени и только формулировать то, что получится в общем случае. Очень рекомендуется провести все рассуждения самостоятельно в общем случае.

Наконец, совсем выпущены доказательства фактов, подобных следующему: если график многочлена имеет точки по разные стороны оси x, то он эту ось пересекает. Вероятно, некоторые читатели не почувствуют потребности в доказательстве подобных предложений. Тот же, кто пожелает провести эти доказательства, легко сделает это при помощи простейших свойств непрерывных функций, которые можно узнать из первых глав любого курса анализа.

В этой книжке мы будем заниматься только свойствами действительных корней уравнений, так что от читателя не потребуется знания свойств комплексных чисел. Заметим, что свойства комплексных корней уравнений могут быть выведены с помощью таких же методов, но несколько усложненных.

§ 1. ГРАНИЦЫ КОРНЕЙ

Первая задача, которую мы себе поставим, заключается в следующем: *для каждого уравнения указать границы, между которыми расположены его корни.*

Предположим, что наше уравнение — третьей степени и имеет вид

$$ax^3 + bx^2 + cx + d = 0. \qquad (1)$$

Мы покажем сейчас, ка̀к найти такое положительное число N, что если абсолютная величина x превосходит N, то левая часть уравнения отлична от нуля. Тогда корни будут наверняка расположены между $-N$ и N. Для этого постараемся выбрать N таким, что если абсолютная величина x больше N, то абсолютная величина первого члена превосходит абсолютную величину суммы трех остальных. Тогда первый член не сможет сократиться с суммой остальных и все выражение будет отлично от нуля.

Мы заведомо достигнем своей цели, если треть абсолютной величины первого члена будет больше абсолютной величины каждого из трех остальных, т. е.

$$\frac{1}{3}|a||x|^3 > |b||x|^2, \quad \frac{1}{3}|a||x|^3 > |c||x|,$$

$$\frac{1}{3}|a||x|^3 > |d|.$$

Решая эти неравенства, получим:

$$|x| > 3\frac{|b|}{|a|}, \quad |x| > \sqrt{3\frac{|c|}{|a|}}, \quad |x| > \sqrt[3]{3\frac{|d|}{|a|}}.$$

Таким образом, мы получим число с нужным нам свойством, взяв за N большее из трех чисел $3\frac{|b|}{|a|}$, $\sqrt{3\frac{|c|}{|a|}}$, $\sqrt[3]{3\frac{|d|}{|a|}}$. В самом деле, при $|x|$, большем N, все три неравенства будут выполняться, а следовательно, левая часть уравнения (1) не будет обращаться в нуль.

Для уравнения степени n,

$$ax^n + bx^{n-1} + cx^{n-2} + \ldots + kx + l = 0, \tag{2}$$

надо было бы принять за N наибольшее из ряда чисел:

$$n\frac{|b|}{|a|}, \quad \sqrt{n\frac{|c|}{|a|}}, \quad \sqrt[3]{n\frac{|d|}{|a|}}, \ \ldots, \ \sqrt[n-1]{n\frac{|k|}{|a|}}, \quad \sqrt[n]{n\frac{|l|}{|a|}}.$$

Заметим, что мы доказали несколько больше, чем утверждали. Так как абсолютная величина первого члена в левой части уравнения (1) больше, чем абсолютная величина суммы остальных членов, то знак всего выражения определяется знаком первого члена. Таким образом, мы не только знаем, что левая часть уравнения (1) есть число, отличное от нуля, когда абсолютная величина x превосходит N, но можем указать и знак этого числа — он совпадает со знаком первого члена.

Уже из этих простых соображений мы можем вывести важные следствия о корнях уравнений. Для этого надо воспользоваться графиком функции

$$y = ax^n + bx^{n-1} + \ldots + kx + l. \tag{3}$$

Пусть (черт. 1) на плоскости взяты оси координат и вычерчен график функции (3). Согласно общему правилу черчения графиков ордината u точки M графика равна тому числу, которое получится, если подставить ее абсциссу v в выражение (3) вместо x. В частности, ордината обратится в нуль, когда абсцисса будет корнем уравнения (2). Это значит, что корни уравнения геометрически изображаются точками пересечения графика с осью x.

Пусть наше уравнение — третьей степени. Мы разделим обе части его на коэффициент a при первом члене и запишем в виде

$$x^3 + px^2 + qx + r = 0. \quad (4)$$

Посмотрим, что̀ геометрически обозначает найденное число N с указанными выше свойствами. Все корни уравне-

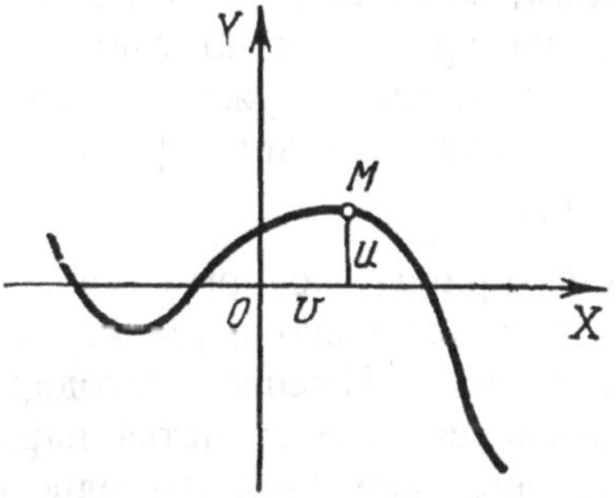

Черт. 1.

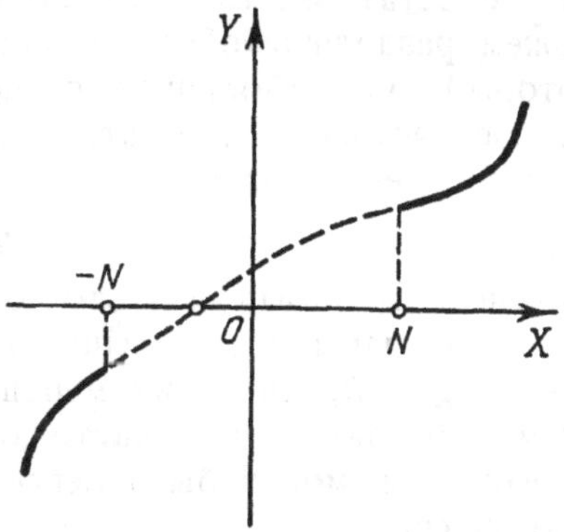

Черт. 2.

ния (4) расположены между $-N$ и N. Это значит, что график функции

$$y = x^3 + px^2 + qx + r \quad (5)$$

может пересекать ось x только в точках, абсциссы которых лежат между $-N$ и N. Но обязан ли график пересекать ось x? Вспомним, что если x по абсолютной величине больше N, то знак функции (5) совпадает со знаком первого члена. Но знак первого члена нам известен — он совпадает со знаком x. Таким образом, если x больше N, то многочлен положителен, а это значит, что график в этой части лежит выше оси x. Если же x меньше $-N$, то многочлен отрицателен, т. е. график в этой части лежит ниже оси x. То, что мы таким образом узнаем о графике, нарисовано на черт. 2. Из этого чертежа ясно, что график должен пересечь хоть один раз ось x, а это значит, что уравнение третьей степени имеет хотя бы один корень. Аналогичный факт имеет место и для уравнений высших степеней: уравнение нечетной степени имеет хотя бы один корень. Ясно, что для уравнений четной степени эта теорема не имеет места, как показывают уже квадратные уравнения, которые могут вовсе не иметь корней *).

§ 2. ОБЩИЕ КОРНИ МНОГОЧЛЕНОВ И РАВНЫЕ КОРНИ

Основным алгебраическим приемом, которым мы будем дальше пользоваться, является деление многочлена на многочлен с остатком. Если имеется два многочлена f и g, то мы можем разделить (обычным способом, «уголком») тот из них, который имеет бо́льшую степень, на другой, и получим неполное частное q и остаток h, который имеет уже меньшую степень, чем делитель. Это можно записать в виде формулы

$$f = g \cdot q + h. \tag{6}$$

Деление с остатком — это общий прием, который сводит изучение пары многочленов f и g к изучению пары многочленов g и h, имеющих меньшие степени. Именно благодаря этому обстоятельству часто оказывается, что свойства пары многочленов могут быть легче изучены, чем свойства одного многочлена.

В качестве примера рассмотрим, ка́к находятся общие корни двух многочленов f и g. Если α есть корень как многочлена f, так и многочлена g, то, полагая в соотношении (6) $x = \alpha$, мы получим, что и h должно обратиться в нуль, т. е. иметь корнем α. Таким образом, общий корень многочленов f и g является общим корнем многочленов g и h. Наоборот, из того же соотношения (6) мы видим, что если α есть общий корень многочленов g и h, то он является также корнем f, т. е. общим корнем многочленов f и g. Взятые вместе, эти два утверждения показывают, что общие корни многочленов f и g, с одной стороны, и многочленов g и h, с другой, совпадают. Достижение здесь заключается в том, что многочлены g и h имеют меньшие степени, чем f и g.

*) Напомним, что мы под корнем всегда подразумеваем вещественный корень, так что, например, уравнение $x^2 + 1 = 0$, с нашей точки зрения, не имеет корней.

С g и h мы можем повторить те же рассуждения, разделив g с остатком на h. Таким образом, мы будем получать пары многочленов все меньших степеней, причем общие корни у всех этих пар многочленов будут одни и те же. Мы принуждены будем остановиться, когда придем к паре многочленов u и v, один из которых, например v, есть нуль. Но в этом случае все корни многочлена u являются общими корнями u и v, так как v, будучи равно нулю, имеет все числа своими корнями.

Таким образом, нахождение общих корней многочленов f и g свелось к нахождению корней многочлена u, имеющего, как правило, гораздо меньшую степень.

Рассмотрим пример. Найти общие корни многочленов x^4+x^2+3x+1 и x^3+x+2.

Делим первый с остатком на второй:

$$\begin{array}{r|l} x^4+x^2+3x+1 & x^3+x+2 \\ \cline{2-2} x^4+x^2+2x & \quad x \\ \cline{1-1} x+1 & \end{array}$$

Остаток есть $x+1$. Следовательно, общие корни у первоначальной пары многочленов те же, что и у многочленов x^3+x+2 и $x+1$.

Делим опять первый с остатком на второй:

$$\begin{array}{r|l} x^3+x+2 & x+1 \\ \cline{2-2} x^3+x^2 & x^2-x+2 \\ \cline{1-1} -x^2+x+2 & \\ -x^2-x & \\ \cline{1-1} 2x+2 & \\ 2x+2 & \\ \cline{1-1} 0 & \end{array}$$

Остаток есть 0. Следовательно, общие корни те же, что и у многочленов $x+1$ и 0, то-есть только один общий корень -1.

Мы можем применить то, что сейчас узнали, к другой задаче: узнать, имеет ли заданный многочлен среди своих корней равные, и найти эти равные корни. Мы опять будем предполагать, что имеем дело с многочленом третьей степени (5). Если этот многочлен имеет своим корнем α, то он делится без остатка на $x-\alpha$. Это вытекает из теоремы Безу, но мы проверим сейчас этот факт простым делением:

$$\begin{array}{l|l}
x^3+px^2+qx+r & x-\alpha \\ \cline{2-2}
x^3-\alpha x^2 & x^2+(p+\alpha)x+\alpha^2+p\alpha+q \\ \hline
\quad (p+\alpha)x^2+qx+r & \\
\quad (p+\alpha)x^2-\alpha(p+\alpha)x & \\ \hline
\qquad (\alpha^2+p\alpha+q)x+r & \\
\qquad (\alpha^2+p\alpha+q)x-\alpha(\alpha^2+p\alpha+q) & \\ \hline
\qquad\qquad \alpha^3+p\alpha^2+q\alpha+r &
\end{array}$$

Остаток $\alpha^3+p\alpha^2+q\alpha+r$ равен нулю, так как нам дано, что α является корнем уравнения (4). Мы получим заодно, что частное от деления есть

$$x^2+(p+\alpha)x+(\alpha^2+p\alpha+q). \tag{7}$$

Если бы уравнение (4) имело еще один корень, равный α, то он должен был бы быть корнем многочлена (7). Подставляя α вместо x, получаем $3\alpha^2+2p\alpha+q=0$.

Итак, мы доказали, что равные корни многочлена (5) являются общими корнями этого многочлена и многочлена $3x^2+2px+q$. Этот последний называется *производным многочленом* от многочлена (5). Таким образом, задача привелась к разысканию общих корней многочлена и его производного многочлена, а эту задачу мы уже умеем решать.

Для многочленов n-й степени (2) имеет место вполне аналогичная теорема. Роль многочлена $3x^2+2px+q$ здесь играет многочлен $nax^{n-1}+(n-1)bx^{n-2}+(n-2)cx^{n-3}+\ldots$ $\ldots+k$. Этот многочлен также называется производным от многочлена (2).

§ 3. ХАРАКТЕРИСТИКА ПАРЫ МНОГОЧЛЕНОВ

Мы переходим теперь к нашей главной задаче. Она формулируется так: задан многочлен f и два числа a и b, причем $a<b$; надо узнать, сколько у многочлена f есть корней, лежащих между a и b,

т. е. меньших b, но бóльших a. Мы увидим дальше, что из решения этой задачи будут следовать ответы на большинство вопросов, которые можно задать о корнях многочленов: об их числе, расположении и даже способе их вычисления.

В решении этой задачи мы будем поступать так же, как и в предшествующем параграфе, т. е. сначала исследуем свойства пары многочленов. При этом мы будем пользоваться двумя методами, которые нам уже встречались: алгебраическим — делением с остатком, и геометрическим — построением графика.

Пусть даны два многочлена, причем нам важен и порядок, в котором они заданы. Первый многочлен обозначим через f_1,

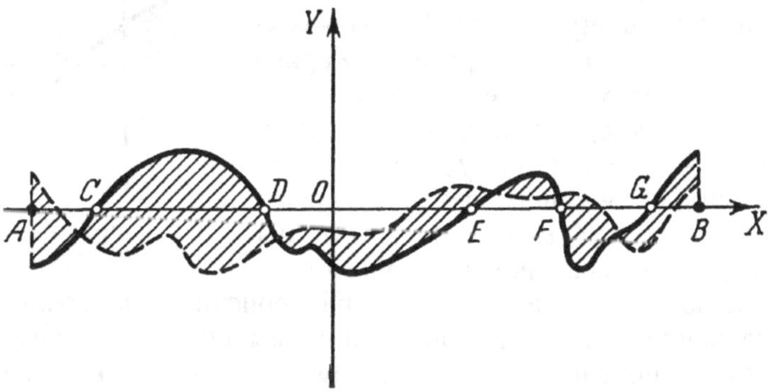

Черт. 3.

а второй — через f_2. Мы будем предполагать, что f_1 и f_2 не имеют общих корней, так как общие их корни мы можем найти по способу предыдущего параграфа. Начертим графики многочленов f_1 и f_2. (График f_1 мы будем чертить жирной линией, а f_2 — пунктиром; черт. 3.) Они будут делить всю плоскость на три части — первую, которая лежит ниже обоих графиков, вторую, которая лежит выше обоих, и третью, которая лежит между двумя графиками. Третья часть и будет нас дальше интересовать. Мы будем ее заштриховывать на чертеже и называть заштрихованной областью. Нанесем на оси x точки с абсциссами a и b и обозначим их через A и B. Будем двигаться от точки A к точке B по оси x. При этом мы будем пересекать графики многочленов f_1 и f_2 в точках, изображающих их корни. В некоторых из этих точек пересечения мы будем выходить из заштрихованной области, в других — входить в нее. Первые мы будем называть точками выхода, вторые — точками входа. Заметим, что точка не может быть одновременно точкой входа и точкой выхода (как это имеет место на черт. 4 для точки C), так как тогда оно изображала бы общий корень многочленов f_1 и f_2, а мы предположили, что таких нет.

Теперь мы введем одно новое понятие.

Характеристикой многочленов f_1 и f_2 называется разность между числом точек выхода и числом точек входа, принадлежащих графику многочлена f_1 и расположенных между точками A и B.

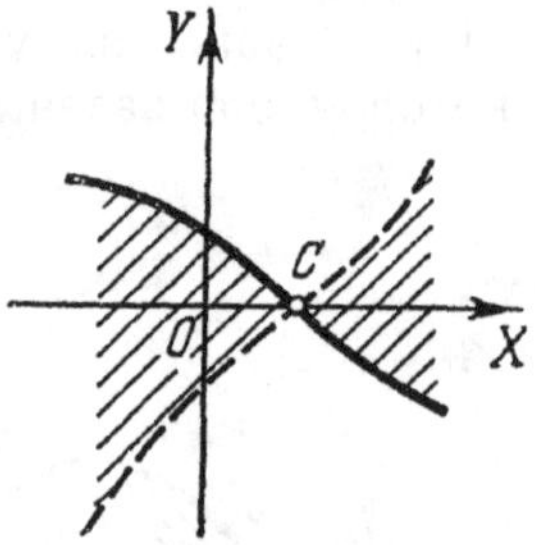

Черт. 4.

Например, на чертеже 3 точки D и E являются точками выхода, принадлежащими графику f_1, а C, F и G—точками входа на этом же графике. Характеристика в этом случае равна $2-3=-1$. Характеристика является целым числом и обозначается (f_1, f_2). Она, конечно, зависит, кроме многочленов f_1 и f_2, еще и от точек A и B, между которыми мы рассматриваем графики многочленов.

Совершенно очевидно, что характеристика многочленов f_1 и f_2 зависит от того, какой из них мы считаем первым, так как при ее подсчете мы обращаем внимание только на точки входа и выхода на графике этого многочлена. Поэтому интересно выяснить, ка́к именно изменится характеристика, если мы будем считать первым многочленом не f_1, а f_2, или, иначе, ка́к связаны между собой числа (f_1, f_2) и (f_2, f_1).

Удобно представить себе положение вещей на следующей модели. Имеется комната, в которую человек может входить и из которой может выходить. Обозначим число, показывающее, сколько раз он вышел из комнаты за заданный промежуток времени, через P, а сколько раз вошел — через Q. Ясно, что так как за каждым входом, кроме последнего, следует выход, а за выходом — вход, то число входов может отличаться от числа выходов не более чем на 1 в ту или другую сторону. Мы можем это записать так:

$$P = Q + e, \quad e = 0,\ 1 \text{ или } -1. \qquad (8)$$

Более точно значение e определяется следующей таблицей:

1 — если в начальный момент человек был внутри, а в конечный — снаружи;

—*1* — если в начальный момент он был снаружи, а в конечный — внутри;

0 — если в начальный и конечный момент времени он был по одну и ту же сторону стен комнаты (черт. 5).

Представим теперь себе, что задача усложнена тем, что в комнате есть две двери — *I* и *II*, и число выходов и входов через каждую дверь подсчитывается отдельно. Число выходов и входов через *I* дверь мы обозначим через P_1 и Q_1, через *II* — P_2 и Q_2. Ясно, что общее число входов и выходов через обе двери подчиняется соотношению (8), т. е.

$$P_1 + P_2 = Q_1 + Q_2 + e.$$

Отсюда мы получаем:

$$P_1 - Q_1 = -(P_2 - Q_2) + e.$$

Это показывает, что разности между числом выходов и числом входов в случае *I* и *II* двери просто связаны между собой.

Ясно, какое это имеет отношение к нашим многочленам. Комната — это заштрихованная область, *I* дверь — это график

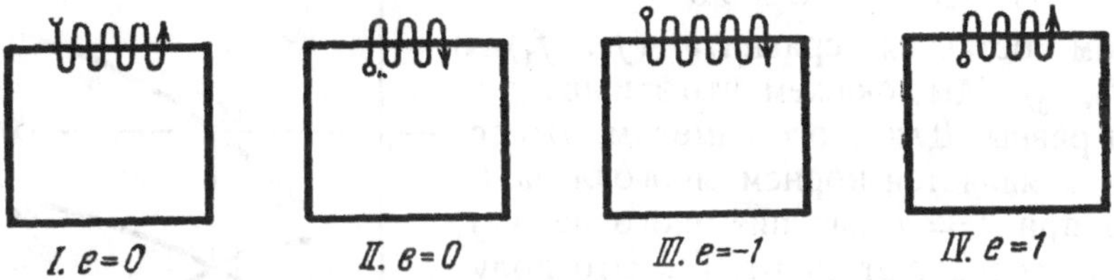

Черт. 5.

многочлена f_1, *II* дверь — это график f_2. Выходы и входы — это точки входа и точки выхода, $P_1 - Q_1$ — не что иное, как характеристика (f_1, f_2), $P_2 - Q_2$ — характеристика (f_2, f_1). Мы получаем соотношение

$$(f_1, f_2) = -(f_2, f_1) + e,$$

и остается только выяснить, каков смысл e в нашем случае.

Внутри заштрихованной области (комнаты) мы начали или вне ее, зависит от того, принимают ли многочлены f_1 и f_2 при $x = a$ значения одинакового знака или разных знаков. Точно так же, внутри или вне заштрихованной области мы кончили, зависит от того, одинакового или разного знака значения f_1 и f_2 при $x=b$. Условимся говорить, что в паре чисел есть одна перемена знака, если они разных знаков, и нет ни одной — если одного, и обозначим значения f_1 и f_2 при $x=a$ через a_1 и a_2, а при $x=b$ через b_1 и b_2. Как легко проверить, e будет совпадать с разностью между числом перемен знака в паре a_1 и a_2 и числом перемен знака в паре b_1 и b_2. Если первое число обозначить через m_1, а второе — через n_1, то $e=m_1-n_1$.

До сих пор мы не имели способа найти характеристику двух многочленов, так как, для того чтобы воспользоваться определением характеристики, надо было знать их корни. Сейчас мы можем такой способ вывести. Именно здесь вступает в действие деление с остатком. Мы разделим f_1 с остатком на f_2:

$$f_1=f_2q+f_3 \quad (f_3 \text{ — остаток}), \tag{9}$$

и поставим вопрос, ка́к связаны характеристики (f_1, f_2) и (f_2, f_3). Такая постановка вопроса подсказывается нам результатом предыдущего параграфа, где мы видели, что общие корни у пары многочленов f_1, f_2 те же, что и у пары многочленов f_2, f_3. Прежде всего мы имеем:

$$(f_1, f_2)=-(f_2, f_1)+e. \tag{10}$$

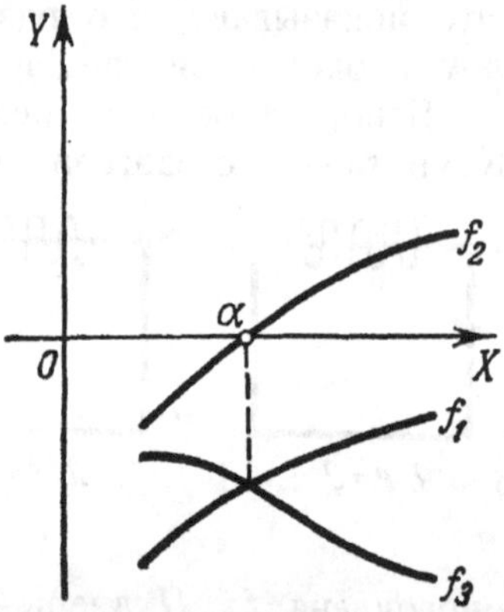

Черт. 6.

Нам остается сравнить (f_2, f_1) и (f_2, f_3). Мы докажем, что эти два числа равны. Для этого заметим, что если α является корнем многочлена f_2, то при $x=\alpha$ значения многочленов f_1 и f_3 совпадают (черт. 6). Это получится, если в (9) заменить x на α и заметить, что член, содержащий f_2, пропадает. Из этого следует, что около точки с абсциссой $x=\alpha$ графики многочленов f_1 и f_3 расположены по одну и ту же сторону от графика многочлена f_2 (черт. 6). Отсюда уже просто следует совпадение характеристик (f_2, f_1) и (f_2, f_3). В самом деле, при подсчете обеих характеристик нам надо перебирать корни многочлена f_2, лежащие между A и B, и смотреть, какие из них являются точками входа, а какие — точками выхода. Но из того, что было только что доказано относительно расположения графиков многочленов f_1, f_2 и f_3, следует, что если корень α является точкой входа в заштрихованной области, образованной графиками многочленов f_2 и f_1, то он будет изображаться также точкой входа и в области, образованной графиками f_2 и f_3. То же самое имеет место и для точек выхода.

Таким образом, совпадение характеристик (f_2, f_1) и (f_2, f_3) доказано. Вместе с (10) это дает нам соотношение

$$(f_1, f_2) = -(f_2, f_3) + e. \tag{11}$$

Так как многочлены f_2 и f_3 имеют меньшие степени, чем многочлены f_1 и f_2, то это дает нам общий способ вычисления характеристики пары многочленов.

Принципиально наша задача — научиться вычислять характеристику пары многочленов — решена, но можно придать результату более законченный вид. Для этого постараемся избавиться от знака минус в формуле (11). Проще всего взять для этого за f_3 не остаток от деления f_1 на f_2, а этот остаток с обратным знаком. Остаток будет тогда $-f_3$ и (9) будет иметь вид:

$$f_1 = f_2 q - f_3,$$

а формула (11) приобретает более простой вид

$$(f_1, f_2) = (f_2, f_3) + e. \tag{12}$$

Для того чтобы это проверить, нам надо только доказать, что характеристика пары многочленов меняет знак, если второй многочлен меняет знак. Но это совершенно ясно из чертежа, поскольку график второго многочлена заменится тогда симметричной ему относительно оси x кривой, так что все корни первого многочлена, которые были точками выхода, сделаются точками входа и наоборот. Ясно, что характеристика изменит знак.

После того как мы разделим f_1 на f_2 и остаток, взятый с обратным знаком, обозначим через f_3, проделаем то же самое с f_2 и f_3 и будем продолжать, пока у нас не получится остаток, равный нулю. Полученный таким образом ряд многочленов $f_1, f_2, f_3, \ldots, f_k$ (не считая нуля) называется *рядом Штурма* пары многочленов f_1 и f_2. Последний многочлен f_k ряда Штурма не может иметь корней, так как многочлены $f_1, f_2, \ldots, f_k$ только знаками отличаются от тех, которые мы строили в предыдущем параграфе для определения общих корней f_1 и f_2, и если бы f_k имел корень, то он был бы общим корнем f_1 и f_2, а мы предположили, что таких нет. Выписывая формулу (12) для каждой последовательной пары многочленов ряда Штурма, мы получим целый ряд формул:

$$(f_1, f_2) = (f_2, f_3) + e_1,$$
$$(f_2, f_3) = (f_3, f_4) + e_2,$$
$$\ldots\ldots\ldots\ldots\ldots\ldots\ldots\ldots$$
$$(f_{k-2}, f_{k-1}) = (f_{k-1}, f_k) + e_{k-2},$$
$$(f_{k-1}, f_k) = (f_k, 0) + e_{k-1}.$$

Здесь числа $e_1, \ldots, e_{k-1}$ имеют прежний смысл, то-есть каждое из них (например, e_i) есть разность между числом перемен знака в паре чисел, являющихся значениями двух рядом стоящих многочленов f_i и f_{i+1} при $x = a$ и при $x = b$.

Заметим теперь, что раз f_k не имеет корней, то характеристика его с любым многочленом равна нулю, в частности $(f_k, 0) = 0$, и мы можем последнюю формулу переписать так: $(f_{k-1}, f_k) = e_{k-1}$. Из предпоследней формулы определим (f_{k-2}, f_{k-1}); оно окажется равным $e_{k-2} + e_{k-1}$.

Поступая так и дальше, мы получим, наконец, что

$$(f_1, f_2) = e_1 + e_2 + \ldots + e_{k-1}. \tag{13}$$

Эту формулу можно еще упростить. Обозначим через a_1, $a_2, \ldots, a_k$ значения многочленов $f_1, f_2, \ldots, f_k$ при $x = a$, а при $x = b$ — через $b_1, b_2, \ldots, b_k$. Если число перемен знаков в паре чисел a_i и a_{i+1} есть m_i, а в паре чисел b_i и b_{i+1} — есть n_i, то

$$e_i = m_i - n_i.$$

Формулу (13) можно поэтому переписать так:

$$(f_1, f_2) = (m_1 - n_1) + (m_2 - n_2) + \ldots + (m_{k-1} - n_{k-1}),$$

или

$$(f_1, f_2) = (m_1 + m_2 + \ldots + m_{k-1}) - (n_1 + n_2 + \ldots + n_{k-1}).$$

Число $m_1 + \ldots + m_{k-1}$ показывает, сколько раз в ряду чисел $a_1, a_2, \ldots, a_k$ стоят рядом числа противоположных знаков. Число $n_1 + \ldots + n_{k-1}$ показывает то же самое для ряда чисел $b_1, b_2, \ldots, b_k$. Эти числа называются *числами перемен знаков* в ряду $a_1, \ldots, a_k$ и ряду $b_1, \ldots, b_k$.

Теперь мы можем сформулировать окончательно полученный нами результат так: *характеристика пары много-*

членов равна разности между числом перемен знаков в значениях многочленов ряда Штурма при $x=a$ и $x=b$.

Закончим этот длинный параграф примером. Определим характеристику многочленов $f_1=x^3-8x^2+19x-12$ и $f_2=x^3-9x^2+27x-26$, причем положим $a=0$, $b=5$. Найдем ряд Штурма. Делим f_1 с остатком на f_2:

$$\begin{array}{r|l} x^3-8x^2+19x-12 & x^3-9x^2+27x-26 \\ \underline{x^3-9x^2+27x-26} & \quad 1 \\ x^2-8x+14 & \end{array}$$

Остаток есть $x^2-8x+14$ и, следовательно, $f_3=-x^2+8x-14$. Делим f_2 с остатком на f_3:

$$\begin{array}{r|l} x^3-9x^2+27x-26 & -x^2+8x-14 \\ \underline{x^3-8x^2+14x} & -x+1 \\ -x^2+13x-26 & \\ \underline{-x^2+\ 8x-14} & \\ 5x-12 & \end{array}$$

Остаток есть $5x-12$ и, следовательно, $f_4=-5x+12$. Делим f_3 с остатком на f_4:

$$\begin{array}{r|l} -x^2+8x-14 & -5x+12 \\ \underline{-x^2+\frac{12}{5}x} & \frac{1}{5}x-\frac{28}{5} \\ \frac{28}{5}x-14 & \\ \underline{\frac{28}{5}x-12\cdot\frac{28}{25}} & \\ -14+12\cdot\frac{28}{25}=-\frac{14}{25} & \end{array}$$

Остаток есть $-\frac{14}{25}$ и, следовательно, $f_5=\frac{14}{25}$.

Ясно, что следующий остаток уже будет нулем. Ряд Штурма состоит, таким образом, из многочленов $x^3-8x^2+19x-12$, $x^3-9x^2+27x-26$, $-x^2+8x-14$, $-5x+12$, $\frac{14}{25}$.

Значения многочленов ряда Штурма выпишем в виде таблицы

	$x=0$	$x=5$
f_1	-12	8
f_2	-26	49
f_3	-14	1
f_4	12	-13
f_5	$\frac{14}{25}$	$\frac{14}{25}$

Таким образом, первый столбец содержит как раз числа $a_1, \ldots, a_k$, а второй — числа $b_1, \ldots, b_k$. В первом столбце есть одна перемена знака, так как рядом стоят -14 и 12, во втором — две, так как рядом стоят 1 и -13 и -13 и $\frac{14}{25}$. Характеристика равна $1-2=-1$.

§ 4. ЧИСЛО КОРНЕЙ МНОГОЧЛЕНА, ЛЕЖАЩИХ МЕЖДУ a и b

Сейчас мы покажем, ка́к от характеристики пары многочленов перейти к нахождению корней одного многочлена. Характеристика пары многочленов f_1 и f_2 равна разности между числом тех корней многочлена f_1 между a и b, которые являются точками выхода, и тех, которые являются точками входа. Если бы мы сумели подобрать многочлен f_2 так, чтобы все корни многочлена f_1 стали точками выхода и, значит, ни один не был бы точкой входа, то характеристика пары многочленов f_1 и f_2 в точности совпала бы с числом корней многочлена f_1, лежащих между a и b.

Посмотрим, как подбирать такой многочлен f_2. При этом нам нужно будет предполагать, что многочлен f_1 не имеет равных корней. Пусть α есть корень многочлена f_1. Как должен быть расположен график многочлена f_2, чтобы точка, изображающая корень α, была точкой выхода? Тут возможны два случая в зависимости от того, поднимается ли график многочлена f_1 при $x=\alpha$ снизу вверх или спускается сверху вниз. Как показывают черт. 7 и 8, в первом случае график многочлена f_2 должен лежать при $x = \alpha$ выше, а во втором — ниже оси x. Иными словами, в первом случае значение многочлена f_2 при $x = \alpha$ должно быть положительным, а во втором — отрицательным. Посмотрим теперь, как научиться узнавать, какой из двух случаев имеет место. Первый случай заключается в том, что при x, меньшем α, многочлен f_1 отрицателен, а при x, большем α, — положителен. Во втором же случае — наоборот.

Предположим опять, что мы имеем дело с многочленом третьей степени $f_1 = x^3 + px^2 + qx + r$, имеющим корень α, и вспомним, что еще в § 2 мы показали, что такой многочлен делится на $x - \alpha$ и частное равно $x^2 + (p + \alpha)x + (\alpha^2 + p\alpha + q)$:

$$x^3 + px^2 + qx + r = (x - \alpha)[x^2 + (p + \alpha)x + (\alpha^2 + p\alpha + q)].$$

Воспользуемся этим разложением, чтобы определить, каковы знаки тех значений, которые принимает многочлен f_1,

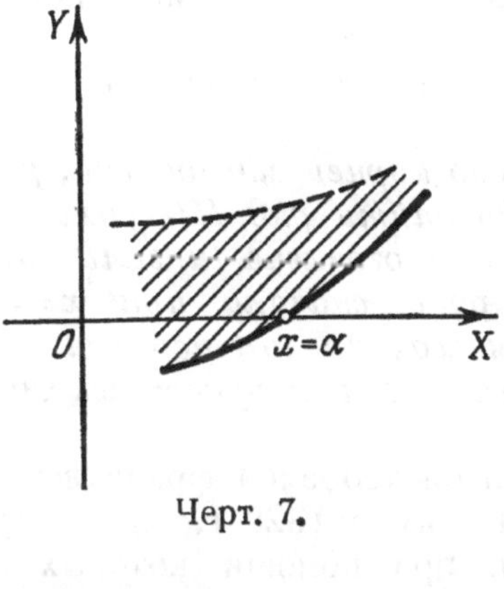

Черт. 7.

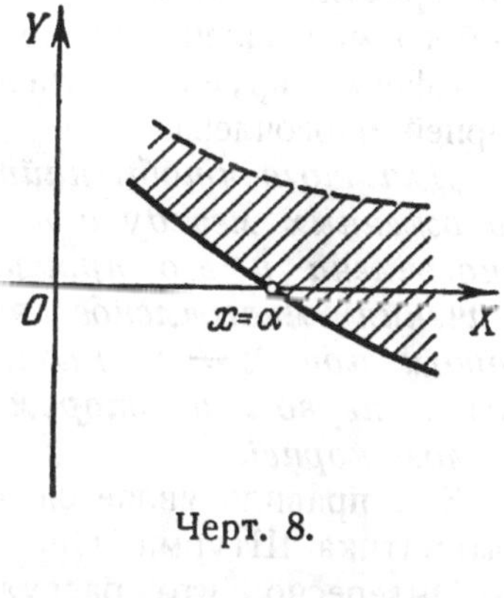

Черт. 8.

когда x немного меньше или немного больше α. Относительно первого множителя все ясно: если x меньше α, то он отрицателен, а если больше — то положителен. Обратимся ко второму множителю. При $x = \alpha$ он не обращается в нуль. В самом деле, мы видели в § 2, что это свидетельствовало бы о наличии у многочлена f_1 двух равных корней, а мы предположили, что их нет. Значение второго множителя при $x = \alpha$ равно как раз значению производного многочлена f_1 при $x = \alpha$. Если это — положительное число, то и при x, не слишком сильно отличающемся от α (именно, если x ближе к α, чем какой-либо из корней этого квадратного трехчлена), второй множитель положителен, а это значит, что все произведение ведет себя в смысле знаков принимаемых значений как первый множитель; иными словами, мы имеем здесь первый случай. Наоборот, если значение производного многочлена отрицательно, то все знаки меняются на обратные, и мы имеем второй случай.

Мы установили, что здесь решающую роль играет уже знакомый нам производный многочлен, а именно, первый случай имеет место, если значение производного многочлена при $x = \alpha$ положительно, и второй — если отрицательно. То же самое имеет место и для многочленов любой степени.

Но из этого мы видим сразу, что производный многочлен как раз и является таким многочленом f_2, какой нам надо найти. Иными словами, если за f_2 взять производный многочлен многочлена f_1, то характеристика (f_1, f_2) будет равна числу корней многочлена f_1, расположенных между a и b. Так как мы вывели в предыдущем параграфе способ вычисления характеристики, то мы имеем способ нахождения числа корней любого многочлена, расположенных между a и b.

Сформулируем полученное правило для отыскания числа корней многочлена.

Для того чтобы найти число корней многочлена, расположенных между a и b, надо найти ряд Штурма для многочлена и его производного многочлена и вычислить значения многочленов этого ряда сначала при $x = a$, потом при $x = b$. Разность между числом перемен знаков в первом и втором рядах чисел и будет искомым числом корней.

Это правило является знаменитой теоремой французского математика Штурма. Она доказана им в 1829 г.

Интересно, что рассуждения, при помощи которых мы решили нашу задачу — найти число корней многочлена, лежащих между a и b, — имеет много общего с теми рассуждениями, при помощи которых мы в § 2 решили другую задачу — найти равные корни многочлена. В обоих случаях оказалось, что проще сначала исследовать некоторое свойство пары многочленов — в первом случае это был вопрос об общих корнях, во втором — о нахождении характеристики. Причина того, что в свойствах пары многочленов легче разобраться, чем в свойствах одного многочлена, в обоих случаях была одна и та же — к двум многочленам можно применять деление с остатком, благодаря чему решение интересующего нас вопроса о двух данных многочленах сводится к решению того же вопроса о двух многочленах меньшей степени. Затем мы в обоих случаях подбирали к заданному нам многочлену f_1 такой вспомогательный многочлен f_2 (в обоих случаях за такой многочлен можно принять производный многочлен к f_1), что решенный нами вопрос о паре многочленов в применении к паре f_1, f_2 дает решение интересующего нас вопроса о многочлене f_1.

Покажем теперь, как при помощи теоремы Штурма можно решить ряд задач о корнях многочленов любой степени.

Прежде всего мы обратимся к задаче об определении числа всех, а не только лежащих между a и b, корней заданного многочлена f. Решение этой задачи получается сразу же, если соединить теорему Штурма с результатами, полученными нами в § 1. Там мы показали, как найти такое число N, что все корни многочлена лежат между $-N$ и N. Из этого следует, что если мы при помощи теоремы Штурма определим число корней многочлена, расположенных между $-N$ и N (взяв $a=-N$, $b=N$), то получим число всех его корней. Таким образом, задача решена.

Это решение можно, однако, представить в более изящной форме. Пусть ряд Штурма для многочлена f_1 и его производного многочлена f_2 состоит из многочленов $f_1, f_2, \ldots, f_k$. Для каждого многочлена f_i из этого ряда существует согласно § 1 такое свое число N_i, что корни f_i лежат между $-N_i$ и N_i. Выберем теперь за N любое число, большее всех чисел N_i. Тогда корни всех многочленов f_i расположены между $-N$ и N. Если мы теперь применим теорему Штурма, взяв $a=-N$ и $b=N$, то мы получим, конечно, число всех корней нашего многочлена. Но оказывается, что теперь при вычислении числа перемен знаков в значениях многочленов рядов Штурма при $x=a$ и при $x=b$ нам нет надобности вычислять сами эти значения.

В самом деле, нас ведь интересуют только знаки, а мы показали в § 1, что знак того значения, которое принимает любой многочлен при x, меньшем $-N$ или большем N, совпадает со знаком его первого члена. Мы же так выбрали N, что оно больше всех N_i, а значит, $-N$ меньше всех N_i. Таким образом, знаки значений многочленов ряда Штурма при $x=N$ и при $x=-N$ определяются знаками их первых членов. Отметим тот любопытный факт, что, хотя мы пользовались в рассуждениях существованием числа N, нам нет необходимости вычислять его в каждом конкретном случае, так как первый член каждого многочлена ряда Штурма имеет вид ax^k и его знак при $x = -N$ или $x = N$ вовсе не зависит от величины N.

Пример. Найти число всех корней многочлена $f_1 = x^3 + 3x - 1$.

Производный многочлен есть $3x^2 + 3 = f_2$. Находим ряд Штурма. Делим f_1 с остатком на f_2:

$$\begin{array}{r|l} x^3 + 3x - 1 & 3x^2 + 3 \\ \underline{x^3 + x \phantom{{}-1}} & \overline{\ {}^1/_3 x} \\ 2x - 1 & \end{array}$$

Остаток есть $2x - 1$, следовательно, $f_3 = -2x + 1$. Делим f_2 с остатком на f_3:

$$\begin{array}{r|l} 3x^2 + 3 & -2x + 1 \\ \underline{3x^2 - {}^3/_2 x} & \overline{-{}^3/_2 x - {}^3/_4} \\ {}^3/_2 x + 3 & \\ \underline{{}^3/_2 x - {}^3/_4} & \\ 3^3/_4 & \end{array}$$

Остаток есть $3^3/_4$, следовательно, $f_4 = -3^3/_4$. Ясно, что следующий многочлен уже равен нулю. Ряд Штурма состоит, таким образом, из многочленов $x^3 + 3x - 1$, $3x^2 + 3$, $-2x + 1$ и $-3^3/_4$.

Если мы теперь выберем число N (конечно, положительное) так, как было указано, то знаки значений этих многочленов при $x = -N$ и $x = N$ будут совпадать со знаками их первых членов. Эти знаки даны в таблице

	$x = -N$	$x = N$
f_1	$-$	$+$
f_2	$+$	$+$
f_3	$+$	$-$
f_4	$-$	$-$

В первом столбце имеются две перемены знака, во втором — одна. Многочлен $x^3 + 3x - 1$ имеет, таким образом, $2 - 1 = 1$ корень.

Теперь мы можем перейти к задаче о вычислении корней многочлена. Мы поставим себе целью вычислить все корни с какой угодно степенью точности. Собственно, ничего лучшего мы не имеем и в случае квадратных уравнений, хотя и кажется, что там формула дает точное, а не приближенное значение корня. Действительно, если мы говорим, что корень многочлена $x^2 - a$ равен $\sqrt{a}$, то этим мы только указываем, что если применить правило приближенного вычисления квадратных корней, то получится приближенное значение корня многочлена с любой степенью точности.

Для приближенного вычисления корней многочленов нам надо прежде всего (в отличие от того, что имело место при определении числа корней) действительно вычислить по правилу § 1 такое число N, что между $-N$ и N лежат все корни нашего многочлена. После этого мы делим отрезок между $-N$ и N на части, например пополам, и находим по теореме Штурма число корней в каждой из половин, то-есть между $-N$ и 0 и между 0 и N. С каждым из этих отрезков, если оказалось, что в нем содержатся корни, поступаем так же. Так мы делаем до тех пор, пока не раздробим наш отрезок от $-N$ до N на отрезки сколь угодно малой длины, причем нам известно, в каких из этих маленьких отрезков лежат корни, а в каких — нет. Но это и значит, что мы смогли вычислить корни с какой угодно степенью точности, так как если мы, например, узнали, что корень лежит между числами α и β, разность между которыми меньше 0,001, то α и является приближенным значением корня с недостатком с точностью до 0,001, а β — значением с избытком. Для удобства вычислений часто делят отрезок не пополам, а на 10 частей. Когда мы дойдем до таких маленьких интервалов, что в каждом из них лежит или один корень многочлена, или ни одного, то при следующих вычислениях нам нет надобности пользоваться теоремой Штурма и вычислять значения многочленов ряда Штурма. В самом деле, пусть мы знаем, что между α и β лежит ровно один корень многочлена. Пусть мы разделили числом γ отрезок между α и β на две части и хотим узнать, в какой из этих частей, между α и γ или между γ и β, лежит корень. Тогда достаточно вычислить значения многочлена при $x = \alpha$ и при $x = \gamma$. Если они разных знаков, то, как видно из черт. 9, при $x = \alpha$ и при $x = \gamma$ график многочлена лежит по разные стороны оси x, а следовательно, должен где-то между α

и γ эту ось пересечь. Но это и значит, что корень лежит между α и γ. Наоборот, если значения многочлена при $x=\alpha$ и при $x=\gamma$ одного знака, то корень не может лежать между α и γ. Действительно, тогда график многочлена где-то между α и γ переходил бы с одной стороны оси x на другую, а значит, где-то в другом месте, тоже между α и γ, должен был бы вернуться назад, раз при $x=\alpha$ и при $x=\gamma$ он лежит по одну сторону оси x (черт. 10). Но это означало бы, что многочлен имеет между α и γ по крайней мере два корня, а этого не может быть, так как мы предположили, что между α и β есть всего один корень. Значит, корень не может лежать между α и γ, а лежит между γ и β.

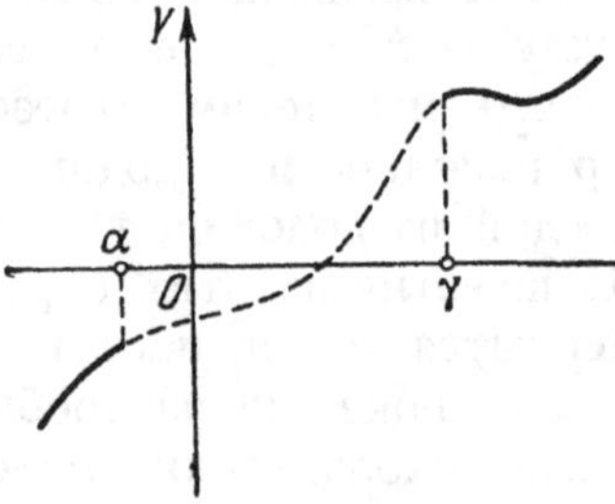

Черт. 9.

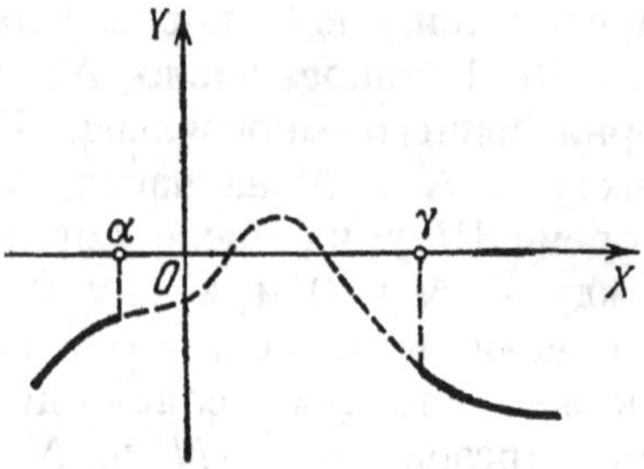

Черт. 10.

Пример. Вычислим с точностью до 0,1 корень многочлена x^3+3x-1. В прошлом примере мы видели, что этот многочлен имеет один единственный корень, значит, мы можем применить то упрощение в общем методе, о котором только что говорили. Вычислим прежде всего N. Согласно правилу § 1 нам надо за N взять наибольшее из чисел

$$0, \sqrt{3\cdot 3} \text{ и } \sqrt[3]{3}.$$

Наибольшее из них, конечно, $\sqrt{3\cdot 3}=3$ и, значит, $N=3$. Таким образом, искомый корень лежит между -3 и 3.

Узнаем теперь знак корня. Для этого найдем значения многочлена при $x=0$ и при $x=3$. Получим -1 и 36. Так как это числа разных знаков, то корень лежит между 0 и 3, а следовательно, положителен.

Найдем теперь значения многочлена при $x=1$ и $x=2$. Получим 3 и 13. Таким образом, значения при $x=1$, 2 и 3 — все одного знака, а значения при $x=0$ и при $x=1$ —

разных. Это значит, что корень лежит между 0 и 1, т. е. $x = 0, \ldots$ Чтобы найти первый знак после запятой, надо узнать, в каком из десяти промежутков (между 0 и $^1/_{10}$, между $^1/_{10}$ и $^2/_{10}$, ..., между $^9/_{10}$ и 1) лежит корень. Для этого положим сначала $x = {^5/_{10}} = {^1/_2}$. Получим в качестве значения многочлена $^5/_8$. Так как —1 и $^5/_8$ разных знаков, то корень лежит между 0 и $^1/_2$. Положим теперь $^3/_{10}$. Получим значение, равное $\frac{27}{1000} - \frac{9}{10} + 1 = \frac{27}{1000} - \frac{1}{10}$. Это отрицательное число, и, значит, корень лежит между $^3/_{10}$ и $^5/_{10}$, так как значения многочлена при $x = {^3/_{10}}$ и $x = {^5/_{10}}$ — разных знаков. Нам остается положить $x = {^4/_{10}}$. Получим значение $\frac{64}{1000} + \frac{12}{10} - 1 = \frac{64}{1000} + \frac{2}{10}$. Так как это положительное число, то корень лежит между $^3/_{10}$ и $^4/_{10}$. Наша задача решена. Мы нашли, что с точностью до 0,1 значение корня многочлена $x^3 + 3x - 1$ есть 0,3.